U0193221

高压大容量
柔性直流输电设备
运维指南

编辑委员会

主　　任　黄　巍

副 主 任　林　峰　林　匹　李文琦

成　　员　付胜宪　黄金魁　陈光焰　何志甘　王　剑

编写人员

主　　编　黄金魁

副 主 编　付胜宪　陈光焰

编写组组长　林　峰　陈跃飞　何志甘

成　　员　黄东方　林剑平　李冠颖　朱耀南　傅智为　刘　旭　许　泓

陈　烨　王　剑　甘　磊　兰太寿　蒋林高　范彦琨　黄沁铖

许　卉　于晓翔　吴厚跃　柳　珂　薛嵩凌　黄旭超　黄剑锋

黄世远　陈一平　徐显烨

海峡出版发行集团 | 福建科学技术出版社
THE STRAITS PUBLISHING & DISTRIBUTING GROUP | FUJIAN SCIENCE & TECHNOLOGY PUBLISHING HOUSE

图书在版编目（CIP）数据

高压大容量柔性直流输电设备运维指南 / 黄金魁主编. —福州：福建科学技术出版社，2021.1
　　ISBN 978-7-5335-6060-7

　　Ⅰ.①高…　Ⅱ.①黄…　Ⅲ.①高压输电线路－直流输电－输配电设备－电力系统运行－指南　Ⅳ.①TM726.1-62

　　中国版本图书馆CIP数据核字（2020）第012487号

书　　名　高压大容量柔性直流输电设备运维指南
主　　编　黄金魁
出版发行　福建科学技术出版社
社　　址　福州市东水路76号（邮编350001）
网　　址　www.fjstp.com
经　　销　福建新华发行（集团）有限责任公司
印　　刷　福州德安彩色印刷有限公司
开　　本　889毫米×1194毫米　1/16
印　　张　11
图　　文　176
版　　次　2021年1月第1版
印　　次　2021年1月第1次印刷
书　　号　ISBN 978-7-5335-6060-7
定　　价　188.00元
　　　　　书中如有印装质量问题，可直接向本社调换

电网技术发展至今，输电技术主要有两种：一种是当前广泛应用的交流输电；另一种是直流输电，包括常规直流输电和柔性直流输电。柔性直流输电技术是目前电网技术领域最具革命性的代表之一，也是已经开始商业化应用的成熟技术。

柔性直流输电是一种以电压源换流器、自关断器件和脉冲宽度调制（PWM）技术为基础的新型输电技术，该输电技术具有可向无源网络供电、不会出现换相失败、运行方式变换灵活、换流站间无须通信以及易于构成多端直流系统等优点。柔性直流输电设备是构建智能电网的重要装备，与传统方式相比，柔性直流输电在孤岛供电、新能源接入、城市配电网增容改造等方面具有较强的技术优势，是改变大电网发展格局的战略选择。

福建省厦门柔性直流输电工程于 2015 年 12 月 17 日正式投入运行，投运时为世界上第一个采用真双极接线、电压等级和输送容量最高的柔性直流工程，可提供厦门岛 50% 的电力负荷。厦门柔直工程是继舟山柔直工程后，国内又一重大科技示范工程，通过持续自主创新和科技攻关，成功研制投运世界上首套 ±320kV/1000MW 柔性直流换流阀、首套真双极拓扑的百微秒级"三取二"控制保护系统，工程获评中国电力优质工程奖、国家优质投资项目特别奖。

长期以来，金门、马祖民众迫切希望大陆帮助解决用电紧缺困难，福建沿海地区向金门、马祖联网供电方案计划以柔性直流输电技术为主。

厦门柔性直流工程投运以来，积累了丰富的运行检修经验，为后期更高电压、更大容量的渝鄂背靠背柔直和张北四端柔直等重大工程在工程设计、设备制造、工程建设和运行维护方面提供了全方位的实践支撑，对远海大规模风电接入、大城市电网柔性互联提供了技术积累。

本书总结专家的工作经验，为这种新形式设备的运维工作提供参考。

不足之处，欢迎同行先进批评指正。

编者
2019.10

　　黄金魁（1978.5—），华北电力大学电气工程及其自动化专业、计算机科学技术专业毕业，工学双学士，高级工程师，现从事电力系统工作，主要负责电力系统自动化、柔性直流输电、电网智能辅助监控等技术的研究与管理工作。

目录

第1章 换流阀及阀控设备

1.1 设备简介

换流阀是直流输电系统中为实现换流所需的三相桥式换流器的桥臂，是换流器的基本单元设备。换流阀是进行换流的关键设备，在直流输电工程中它除了具有进行整流和逆变的功能外，还具有开关的功能。

此外，换流阀也可指一套完整可控或不可控元件或组件的叠层，在正常情况下单向导电，可作为换流器桥臂的一个组成部分，简称阀。

1.1.1 换流阀的种类

换流阀按元件种类可分为：①汞弧阀，一种具有冷阴极的汞蒸气离子阀。②半导体阀，一种带有辅助设备的由半导体元件所组成的阀。当元件为不可控的二极管时，称为二极管阀；当元件为可控的晶闸管时，称为晶闸管阀。③大功率晶闸管阀，由带绝缘栅的二极性晶闸管（IGBT）和高频脉冲宽度调制器（PWM）组成。

按阀的结构，可分为：①单重阀。②多重阀，由两个或四个阀组成，又称双重或四重阀，对于12脉动换流单元，经常采用四重阀或双重阀结构。

按安装方式，可分为户内立式、悬吊式，及户外装配式。

按冷却方式，可分为空冷阀、油冷阀和水冷阀等。

1.1.2 换流阀的结构

1.1.2.1 基本结构

换流阀的具体结构包括晶闸管、饱和电抗器等。在运行过程中换流阀有四种状态：开通、关断、持续导通、持续断开。

1.1.2.2 IGBT 换流阀冷却系统

IGBT 换流阀内冷却系统主要包括主循环冷却回路、去离子水处理回路、氮气稳压系统、补水装置、管道及附件、仪器仪表和控制保护系统。

IGBT 换流阀外冷却系统主要包括密闭蒸发式冷却塔、喷淋水泵、活性炭过滤器、喷淋水软化装置、喷淋水加药装置、喷淋水自循环旁路过滤设备、排污水泵、配电及控制设备、水管及附件、阀门、电缆及附件等。

1.1.2.3 IGBT 模块的附件及作用

1.1.2.3.1 直流电容器

IGBT 模块中的直流电容器采用干式直流电容器，额定直流电压为 2100V，电容值为 10000μF。

直流电容器的作用如下：

（1）与 IGBT 器件共同控制换流器交流侧和直流侧交换的功率。

（2）抑制功率传输在换流器内部引起的电压波动。

1.1.2.3.2 直流放电电阻

IGBT 模块中的直流放电电阻阻值为 40kΩ，换流器闭锁后自然放电时间常数约为 250s，其电压耐受能力与 IGBT 模块一致。

直流放电电阻的作用如下：

（1）在换流器停运的情况下，子模块直流电容器可通过该电阻进行放电。这是一个重要的作用，所以该电阻阻值需要满足放电时间需求。

（2）在 IGBT 换流阀闭锁的情况下，实现 IGBT 换流阀各子模块的静态均压。

1.1.2.3.3 保护晶闸管

IGBT 模块中的保护晶闸管选择全压接型普通晶闸管，断态重复峰值电压为 3400V，通态平均电流为 3200A，可耐受峰值不小于 35kA 的振荡衰减短路电流。

保护晶闸管的作用是：直流系统短路故障工况时如不采取恰当保护措施，续流二极管可能承受超出其耐受能力的故障电流而损坏。所以，在承担短路电流的续流二极管两端并联保护晶闸管来分担短路电流，避免续流二极管的热击穿。

1.1.2.3.4 旁路开关

IGBT 模块中的旁路开关与下部 IGBT 模块并联运行，其额定电压不小于 IGBT 模块的集射极电压最大值，为 3.6kV，合闸时间为 3ms。

旁路开关的作用是：当子模块出现组件失效或电容电压过高等不可恢复的故障时，需要将故障子模块快速退出运行，并投入冗余子模块，以保证设备和系统安全，旁路开关主要就是用来隔离故障子模块，使其从主电路中完全隔离出去而不影响设备其余部分的正常运行。

1.1.2.4　组装方式

阀塔端（进线端或出线端）部的阀层间母排，因阀塔所在的位置不同，有两种安装方式：站在斜母排侧向阀塔看，由左下向右上方向倾斜连接，这样的阀塔称为右旋阀塔；反之，称为左旋阀塔。

阀塔组装是以阀模块为单位进行的，根据模块在阀塔的位置不同，分为左装阀模块和右装阀模块。

（1）左装阀模块：面对阀模块时，阀模块的出线母排、水管三通及后弯母排在左侧。

（2）右装阀模块：面对阀模块时，阀模块的出线母排、水管三通及后弯母排在右侧，右装阀模块的左后侧，有一个等电位接线。

1.2　运行规定

1.2.1　换流阀及阀控投运应具备条件

换流阀开始充电前应具备的条件：

（1）阀厅内接地刀闸已全面拉开；

（2）阀厅大门和紧急门已关闭；

（3）换流阀冷却系统已正常运行；

（4）阀厅空调系统运行正常；

（5）换流阀控制和监测系统运行正常；

（6）换流阀子模块监测系统运行正常；

（7）阀厅消防系统投运正常；

（8）阀厅内其他设备正常；

（9）相关直流控制保护系统运行正常。

换流阀解锁时应具备的条件：

（1）换流阀充电完成；

（2）联接变（换流变）分接头调整到位；

（3）单桥臂故障子模块个数不超过冗余设定个数；

（4）换流阀相关保护功能已投入。

1.2.2　换流阀及阀控运行规定

（1）当子模块故障个数达到设计冗余值的 80%（预警值）时，应及时汇报运维管理单位，并加强监视；当子模块故障个数达到设计冗余值的90%（告警值）时，应汇报调度，并采取措施进行处理。预警值、告警值应根据实际情况制定。

（2）换流阀投入运行前，运行人员应检查阀厅地面及阀塔上无任何遗留物。

（3）正常运行时，严禁解除阀厅大门联锁进入阀厅。

（4）需进入阀厅时，应先确认阀已闭锁，并且接地刀闸已合上时，方可解除联锁，打开大门，进入；开展检修工作前应确认电容已充分放电。

（5）运行过程中发生子模块故障时，应根据监控信息确定故障模块位置并做好记录。

1.3 巡视检查

通常情况下换流阀带电运行时阀厅不得进入，换流阀常规巡检在阀厅网门外并结合远程遥视系统进行。

1.3.1 一般原则

（1）投运前阀厅内地面清洁无杂物；

（2）阀控设备工作正常，无异常报警；

（3）换流阀无烟雾、异味、异声，阀体各部位无漏水现象；

（4）阀厅的温度、湿度、通风系统正常，消防水管无渗漏水；

（5）绝缘子清洁无杂物，并无放电和闪络的痕迹，无裂纹和破损；

（6）阀厅内照明系统正常，地面无积水和异物；

（7）换流阀充电前阀厅大门、紧急门关闭良好；

（8）标识齐全、清晰、无损坏，相色标注清晰。

1.3.2 例行巡检

1. 盘面检查

即查看各盘面指标是否正常，无异常报警。

2. 工业电视检查

（1）阀厅接地刀闸运行状态（分/合）与实际运行方式相符；

（2）阀各部位无烟雾、异味、异响和振动，各部位无漏水现象；

（3）阀厅的温度、湿度、通风系统正常，消防水管无渗漏水；

（4）支柱绝缘子表面无污秽；

（5）阀厅内照明系统正常；

（6）每日开展不少于 1 次的关灯检查，确认换流阀、穿墙套管、避雷器、电流测量装置、绝缘子等无异常。

3. 数据记录

（1）每日记录晶闸管损坏数量 1 次，检查晶闸管损坏数量是否小于冗余数；

（2）每日记录晶闸管正向保护触发数量 1 次，检查晶闸管正向保护触发数量是否小于冗余数。

4. 红外测温

阀厅内设备红外热成像正常。

1.3.3 全面巡检

1. 工业电视检查

绝缘子清洁无杂物，无放电和闪络的痕迹，无裂纹和破损。

2. 密封检查

阀厅大门、紧急门关闭良好。

1.4 状态评价

换流阀的状态评价分为部件评价和整体评价两部分。

1.4.1 部件状态评价

1.4.1.1 部件的划分

根据换流阀各部件的独立性，换流阀主要部件分为：IGBT 组件、阀冷却回路、阀避雷器。

1.4.1.2 评价方法

换流阀某一部件的状态的评价应同时考虑各状态量单项的扣分情况和本部件合计的扣分情况，然后评定为正常、注意、异常或严重状态，评定标准见表 1-1。

表 1-1　换流阀各部件状态评定标准

状态 部件	正常状态（以下同时满足）		注意状态（以下任一满足）		异常状态	严重状态
	合计扣分	状态量单项扣分	合计扣分	状态量单项扣分	状态量单项扣分	状态量单项扣分
IGBT 组件	< 30	<12	≥ 30	12~16	20~24	≥ 30
阀冷却回路	< 20	<12	≥ 20	12~16	20~24	≥ 30
避雷器	< 12	<12	≥ 20	12~16	20~24	≥ 30

1.4.1.3 状态量扣分标准

换流阀各部件的各状态量的扣分标准见表 1-2~1-4。

表 1-2 IGBT 组件状态量扣分标准

状态量		劣化程度	基本扣分	判断依据	权重系数	备注
分类	名称					
家族缺陷	同厂、同型、同期设备的故障信息	III	8	严重缺陷未整改	2	
		IV	10	危急缺陷未整改	2	
巡视	IGBT本体及屏蔽罩	锈蚀 III	8	紧固件连接处及壳体表面有严重的锈蚀	1	
		污垢 III	8	表面积污严重	1	
	异常振动和声音	III	8	运行设备异常振动或存在声响(如放电声、振动声、啸叫等)	1	
	熄灯检查	III	8	组件、绝缘子、屏蔽罩等明显放电	2	
	红外测温	II	4	IGBT元件本体存在异常发热,相间温差 > 10K	3	
		III	8	IGBT元件接头存在异常发热,相对温差 ≥ 80%		
运行	阀监控系统(VCU,TVM,VBE)状态量	阀跳闸 II	4	当故障IP数量超过IP跳闸参考数量,曾出现跳闸,但已修复	2	
		功能跳闸 II	4	当阀控单元功能发生故障,曾出现跳闸,但已修复	2	
		阀报警 II	4	当故障IP或PF数量超过IP或PF报警参考数量	3	
		保护性触发PF报警 II	4	当任一可控硅发生保护性触发	3	
		可控硅监视报警 II	4	当阀控单元状态同时为已充电、工作和实验,或者各阀控单元的状态不一致	3	
		阀控系统报警 III	8	阀控系统报警	2	
停电检查	IGBT控制单元(TE、TCU或GU)	II	4	外观出现异常	2	
		II	4	插座端子连接松动	3	
		III	8	阀试验功能异常	3	
	IGBT控制模块反向恢复器保护板(RPU)	II	4	外观出现异常	2	
		II	4	插座端子连接松动	2	
		III	8	阀试验功能异常	3	
	触发光纤	II	4	光纤表皮老化、破损	2	
		III	8	光纤出现电弧灼伤、变形	3	
		III	8	光纤传输功率测量,初值差 > ±5%	3	
		III	8	光纤断裂,脱落,锁扣异常	3	
	电抗器支撑绝缘板	II	4	松动	2	
		IV	10	断裂	4	
	电气元件支撑横担	II	4	松动	2	
		IV	10	断裂	3	

续表

状态量		劣化程度	基本扣分	判断依据	权重系数	备注
分类	名称					
试验	长棒绝缘子	Ⅲ	8	超声探伤发现裂纹	3	
	阻尼电阻	Ⅲ	8	电阻值初值差＞3%	3	
	组件电容	Ⅲ	8	电容量初值差＞5%	3	
	均压电容	Ⅲ	8	电容量初值差＞5%	3	
	阀电抗器	Ⅲ	8	表面颜色出现异常	2	
		Ⅱ	4	电抗值初值差＞5%	3	
	IGBT 堆	Ⅲ	8	蝶弹压紧螺栓松动，IGBT堆压装紧固螺钉与压力板不在同一平面	3	

表 1-3　阀冷却回路状态量扣分标准

状态量		劣化程度	基本扣分	判断依据	权重系数	备注
分类	名称					
家族缺陷	同厂、同型、同期设备的故障信息	Ⅲ	8	严重缺陷未整改	2	
		Ⅳ	10	危急缺陷未整改		
停电检查	阀塔主水路	Ⅲ	8	渗漏	1	
	连接水管及接头	Ⅲ	8	渗漏	3	
	漏水检测装置	Ⅲ	8	功能不正常	2	
	均压电极	Ⅱ	4	电极上出现明显沉积物	4	
	均压电极	Ⅲ	8	电极部分体积减少＞20%	3	
	散热器	Ⅱ	4	散热器表面有锈蚀，轻微变色	2	
		Ⅲ	8	散热器变形、有严重变色、变形	3	

表 1-4　避雷器状态量扣分标准

状态量		劣化程度	基本扣分	判断依据	权重系数	备注
分类	名称					
家族缺陷	同厂、同型、同期设备的故障信息	Ⅲ	8	严重缺陷未整改	2	
		Ⅳ	10	危急缺陷未整改		
巡检	本体锈蚀	Ⅲ	8	本体有较严重的锈蚀或油漆脱落现象	1	
	振动和声响	Ⅲ	8	设备运行中有异常振动、声响；内部及管道有异常声音（振动声、放电声等）	2	
	放电电晕	Ⅲ	8	局部放电有异常	2	
		Ⅲ	8	局部放电有异常且有增长趋势		
	红外测温	Ⅱ	4	温差＜0.5K	3	
		Ⅲ	8	0.5K ≤温差≤ 1K	2	
		Ⅲ	8	温差＞1K	3	

续表

状态量		劣化程度		基本扣分	判断依据	权重系数	备注
分类	名称						
停电检查	接地	I		2	接地连接有锈蚀	1	
		III		8	接地引下线松动	3	
	支架	锈蚀	IV	10	支架有严重锈蚀	1	
		松动	III	8	支架有松动或变形	2	
试验	阀避雷器及电子回路检查	III		8	计数或报警功能异常	2	

1.4.2 整体状态评价

换流阀整体状态评价应综合其部件的评价结果。当所有部件评价为正常状态时，整体评价为正常状态；当任一部件状态为注意状态、异常状态或严重状态时，整体评价应为其中最严重的状态。

1.5 异常处置

1.5.1 处理原则

（1）当子模块故障时，记录故障模块位置；

（2）当子模块故障个数达到预警值时，应及时汇报运维管理部门并加强监视；当子模块故障个数达到设计告警值时，应汇报调度，并采取措施进行处理；

（3）当换流阀子模块故障个数超过冗余数量时，控制保护系统会动作，系统自动停运，需要汇报调度以及相关领导，通知检修人员到场；

（4）换流阀漏水时，应记录漏水位置信息，并上报调度及相关领导，准备停电处理；

（5）换流阀结构件松动或跌落时，应记录故障位置等信息，并上报调度及相关领导；

（6）换流阀本体出现内部放电现象时，应记录放电点位置等信息，并上报调度及相关领导，准备停电处理。

1.5.2 换流站换流阀故障处置方案

本方案是以厦门柔直工程鹭岛 ± 320kV 换流站为例。

1.5.2.1 事件特征

#1 换流阀后台监视主机 VM 显示：A 相上桥臂子 ×× 模块旁路，通讯故障。

OWS(operator work station，运行人员工作站)后台显示：阀冷泄漏保护动作，PCP 保护发跳闸命令，231 开关断开，极 I 中性线 0010 开关、00101 刀闸、00102 刀闸断开。

1.5.2.2　现场应急处置流程

顺序	处置步骤	执行
1	值班负责人向省调汇报：极Ⅰ A/B 套阀冷报阀冷系统泄漏跳闸、膨胀罐的液位低报警，极Ⅰ中性线 0010 开关、00101 刀闸、00102 刀闸断开。立即安排人员现场检查	
2	值班负责人向值班室、柔直站站长汇报	
3	在 OWS 界面查看故障极的阀冷系统是否已停运，若阀冷系统还在运行，应立即将阀冷系统停运	
4	到阀冷装置室，检查故障极的主泵确已停运	
5	到阀冷装置室，关闭膨胀罐出水阀门 V122	
6	通过视频迅速定位爆裂子模块	
6.1	检查极Ⅰ换流阀监视主机 VM 旁路子模块报文：桥臂 1 分段 1 子模块 1 事件通讯故障（示例）	
6.2	根据 VM 报文迅速定位子模块位置：切换到 SM 状态监测画面，查找桥臂 1 分段 1 子模块 1 位置，VM 监视显示该子模块位于极Ⅰ A 相换流阀 #1 阀塔最底层；该子模块位于 #1 模块，位置靠换流变往里数第一个	
6.3	查找该子模块对应视频探头：根据图像及红外布置图，该子模块对应探头编号为 22 号可见光探头	
6.4	通过视频查找该爆裂子模块漏水情况并拍照，如果爆裂子模块不止一个，按照上述方法依次检查	
6.5	向省调汇报："XX:XX，鹭岛站极Ⅰ阀冷系统泄漏跳闸，#1 换流器闭锁，中性母线隔离动作 0010 开关跳闸，浦岛极Ⅰ线 0330 线路跳闸。当前鹭园站极Ⅰ负荷为 0，负荷已全部转移至另一极，有功 XX MW，无功 XX MVar。桥臂 1 分段 1 子模块 1 发生爆裂、阀冷管道漏水，紧急申请将故障的 #1 换流器转检修。"（关闭阀冷系统的阀门，减少漏水量）	
6.6	根据调度指令将 #1 换流器转检修（事故处理，不用操作票）	
6.7	记录新增旁路的模块编号、位置、原因，并通过视频探头观察故障模块	
6.8	在工作群中发微信，说明事故处理进度和模块旁路情况	
6.9	#1 换流器转检修后 10 分钟，进入阀厅，关闭故障极Ⅰ A 相上桥臂的那一组进出水阀门。（每个阀塔有两个进水阀门，两个出水阀门。如"A 下 #2 阀塔进水 1"、"A 下 #2 阀塔出水 1"、"A 下 #2 阀塔进水 2"、"A 下 #2 阀塔出水 2"）	
6.10	进入极Ⅰ阀厅内检查模块故障情况，并拍照	
6.11	通知直流检修人员，提交书面申请。工作内容：#1 换流阀故障子模块检查及更换。安措：#1 换流器转检修	
6.12	审核检修人员提交的工作票，应工作票安措要求，断开 #1 换流器刀闸地到操作电源。（填写操作票）	
7	许可检修人员开展现场应急抢修工作，配合检修人员开展现场抢修工作	
8	运维值班室值班人员短信告知相关领导	
9	运维班值班负责人做好有关记录	

1.5.3 IGBT 换流阀故障处理

1.5.3.1 紧急停运规定

对换流阀进行故障处理更换损坏元件时，必须停运有关的电气回路，换流阀各侧的接地刀闸必须在合上位置。进入阀塔更换故障子模块时，需要做防静电措施。对换流阀进行故障处理，必须待换流阀停运 15min 后，待 IGBT 子模块内 RC 回路进行充分放电才可进行。

引起换流阀紧急停运的情况主要有：

（1）阀厅内及直流场设备着火；

（2）一个桥臂内的冗余 IGBT 子模块全部故障（以厦门柔性直流工程为例，即 17 个及以上 IGBT 子模块故障）；

（3）阀水冷系统严重漏水。

1.5.3.2 故障现象及处理方法

1.5.3.2.1 IGBT 子模块故障

1. 故障现象

（1）SM 通信类故障；

（2）子模块过压；

（3）SM 硬件故障；

（4）SM 报晶闸管故障。

2. 分析处理

（1）检查监控信号备用子模块投入运行；

（2）查看后台故障子模块被旁路，并检查后台 SOE 信息，确认被旁路的子模块位置及原因等；

（3）监视该极 IGBT 换流阀子模块的冗余数量；

（4）当一个桥臂内有 IGBT 子模块故障数量达到 16 个，应密切监视换流阀的运行情况，汇报省调及相关领导，向省调申请将该极停运。

（5）上报缺陷，通知检修人员处理。

1.5.3.2.2 驱动故障

1. 可能出现的故障现象

（1）SM 报晶闸管故障。后台显示某 IGBT 驱动故障；

（2）后台显示故障 SM 被闭锁。

2. 分析处理

（1）检查确认监控信号备用子模块投入运行；

（2）查看确认后台故障子模块被闭锁，并检查后台 SOE 信息，确认被闭锁子模块的位置及原因等；

（3）监视该极 IGBT 换流阀子模块的冗余数量；

（4）当一个桥臂内有 IGBT 子模块故障数量达到 16 个，应密切监视换流阀的运行情况，汇报省调及相关领导，向省调申请将该极停运，上报缺陷，通知检修人员处理。

1.5.3.2.3　阀厅失火

1. 可能出现的故障现象

（1）控制室火警报警系统发出告警，火灾报警系统控制屏上相应的阀厅红灯、烟雾指示灯、火灾指示、报警红灯亮；

（2）阀厅有明火，烟雾或焦煳味。

2. 分析处理

（1）现场检查阀厅确已着火，汇报调度和站领导；

（2）检查相应极直流系统停运，隔离阀厅；如果直流系统未停电则手动按下相应极紧急停运按钮，检查阀厅已被隔离；

（3）汇报省调及相关领导；

（4）拨打火警电话 119，根据火势和 119 火警联系；

（5）检查阀厅空调系统已经停运（当阀厅火灾发生时，火灾报警信号将连锁关闭空气处理机及送回风管上的防火阀），如果没有则手动停运着火阀厅空调，检查阀厅排烟风机确已关闭；

（6）用阀厅工业电视监视火情；

（7）准备好阀厅大门钥匙，等消防人员到站后立即打开阀厅大门，提醒消防人员进入阀厅佩戴氧气瓶式呼吸器；

（8）做好安措，通知检修处理；

（9）当阀厅内火灾扑灭（需人工确认），电动或手动打开阀厅排烟风机和排烟防火阀进行排烟，另外还可开启动气处理机组内的送风机，将室外的新风送入阀厅内。但注意如果此时阀厅室内温度超过 280℃，排烟风机进口处的排烟防火阀将关闭，并发信关闭排烟风机；

（10）烟雾排尽后，复归火灾报警信号；

（11）重新启动阀厅暖通系统。

第2章 换流变压器

2.1 设备简介

单相换流变压器主要由本体、网侧套管、阀侧套管、分接头、本体油枕、分接头油枕、套管 CT、中性点 CT、滤油机、冷却器、气体在线监测装置、呼吸器等组成。

2.2 运行规定

（1）用熔断器保护变压器时，熔断器性能应满足系统短路容量、灵敏度和选择性的要求。

（2）装有气体继电器的油浸式变压器，箱壳顶盖无升高坡度者（制造厂规定不需安装坡度者除外），安装时应使顶盖沿气体继电器方向有 1.0%~1.5% 的升高坡度。

（3）新安装、大修后的变压器投入运行前，应在额定电压下做空载全电压冲击合闸试验。加压前应将变压器全部保护投入。新变压器冲击五次，大修后的变压器冲击三次。第一次送电后运行时间 10min 停电 10min 后再继续第二次冲击合闸。

（4）三绕组变压器，高压或中压侧开路运行时，应将开路运行线圈的中性点接地，并投入中性点零序保护。任一侧开路运行时，应投入出口避雷器、中性点避雷器或中性点接地。

（5）备用变压器应按 DL/T 596—1996《电力设备预防性试验规程》的规定进行预试。

（6）运行中的变压器遇有下列工作或情况时，由值班人员向调度申请，将重瓦斯保护由跳闸位置改投信号位置：1）带电滤油或加油；2）变压器油路处理缺陷及更换潜油泵；3）为查找油面异常升高的原因须打开有关放油阀、放气塞；4）气体继电器进行检查试验，或在其继电保护回路上进行工作，或该回路有直流接地故障。

（7）变压器在受到近区短路冲击后，宜做低电压短路阻抗测试或用频响法测试绕组变形，并与原始记录比较，判断变压器无故障后，方可投运。

（8）变压器储油柜油位、套管油位低于下限位置或见不到油位时，应报告主管部门。

（9）无励磁调压变压器变换分接开关后，应检查锁紧装置并测量绕组的直流电阻和变比。

（10）如制造厂无特殊规定，变压器压力释放阀宜投信号位置。

（11）夏季前，对强油风冷变压器的冷却器进行清扫。

（12）绝缘油应满足本地区最低气温的要求。不同牌号的油及不同厂家相同牌号的油在混合使用前，应做混油试验。

（13）油浸式变压器最高顶层油温一般不超过表2-1的规定（制造厂有规定的按制造厂规定执行）。

表 2-1　油浸式变压器顶层油温一般规定值

冷却方式	冷却介质最高温度 /℃	最高顶层油温 /℃
油浸自冷、油浸风冷	40	95
强油风冷	40	85
强迫油循环水冷	30	70

2.3　巡视检查

2.3.1　日常巡检目标项目

（1）变压器的油温和温度计应正常；储油柜的油位应与温度标界相对应；各部位无渗油、漏油；套管油位应正常；套管外部无破损裂纹、无严重油污、无放电痕迹及其他异常现象。

（2）变压器的冷却装置运转正常；运行状态相同的冷却器手感温度应相近；风扇、油泵运转正常；油流继电器工作正常；指示正确。

（3）变压器导线、接头、母线上无异物；引线接头、电缆、母线无过热。

（4）压力释放阀、安全气道及其防爆隔膜应完好无损。

（5）有载分接开关的分接位置及电源指示应正常。

（6）变压器室的门、窗、照明完好；通风良好；房屋不漏雨。

（7）变压器声响正常；气体继电器或集气盒内应无气体。

（8）各控制箱和二次端子箱无受潮；驱潮装置正确投入；吸湿器完好，吸附剂干燥。

（9）根据变压器的结构特点在《变电站现场运行规程》中补充检查的其他项目。

2.3.2　定期巡检目标项目

（1）消防设施应完好。

（2）各冷却器、散热器阀门开闭位置应正确。

（3）进行冷却装置电源自动切换试验。

（4）各部位的接地完好，定期测量铁芯的接地电流。

（5）利用红外测温仪检查高峰负载时的接头发热情况。

（6）贮油池和排油设施应保持良好状态，无堵塞、无积水。

（7）各种温度计在检定周期内，温度报警信号应正确可靠。

（8）冷却装置电气回路各接头螺栓每年应进行检查。

2.3.2.1　例行巡视

1. 数据检查

记录换流变顶部油温、绕组温度及档位情况，在线监测油色谱数据正常。

2. 盘面检查

查看中央报警系统无异常报警，换流变冷却器控制屏上无异常报警。

3. 外观检查

（1）换流变本体、阀门、冷却器无渗漏油现象，套管油位、油枕油位在正常区域，油温、绕组温度、在线滤油机指示正常，无报警，有载分接开关的分接位置及电源指示正常。

（2）冷却器投入正常，风扇运行良好并无异常，出风口和散热器无异物附着或严重积灰，潜油泵无异常声响、振动，油流指示器指示正确。

（3）呼吸器外壳无破裂现象，硅胶变色不能超过2/3，硅胶不能从上部开始变色，呼吸器油密封的油位应符合要求（正常情况下油面必须与出气孔接触）。

（4）套管外部无破损裂纹，无放电痕迹，压力释放装置无异常，气体继电器内无气体。

（5）冷却系统电机运行正常，有载调压开关传动机构电机运行正常，无传动卡涩。

4. 声音检查

换流变声响和振动正常。

5. 密封检查

各控制箱和端子箱、机构箱已关严且密封良好，无受潮，温控装置工作正常，各类指示、灯光、信号正常，柜内孔洞封堵严密。

6. 接地检查

换流变各部件的接地完好，各控制箱和端子箱、机构箱等接地良好。

2.3.2.2　全面巡视

1. 盘面检查

（1）换流变的冷却器控制柜内冷却器投切把手正确。

（2）换流变有载调压开关柜内远方/就地把手在远方位置。

2. 污秽检查

换流变本体各部件无污秽现象，套管无破损、无裂纹。

3. 电源检查

换流变冷却器控制柜和有载调压开关柜内各电源开关在合上位置。

4. 防潮检查

在冷却器控制柜、有载调压开关柜内，加热器、温控器运行正常。

5. 红外测温

换流变本体温度、套管温度正常，跳线接头、储油柜、散热器等无明显过热点。

2.4 状态评价

换流变压器的状态评价分为部件评价和整体评价两部分。

2.4.1 部件状态评价

2.4.1.1 部件的划分

换流变压器部件分为：本体、套管、分接开关、冷却系统以及非电量保护（包括轻重瓦斯、压力释放阀以及油温油位等）。

2.4.1.2 评价方法

换流变压器某一部件的状态的评价应同时考虑各状态量单项的扣分情况和本部件合计的扣分情况，然后评定为正常、注意、异常或严重状态，评定标准见表 2-2。

表 2-2　换流变压器各部件状态评定标准

部件 \ 状态	正常状态（以下同时满足）		注意状态（以下任一满足）		异常状态	严重状态
	合计扣分	状态量单项扣分	合计扣分	状态量单项扣分	状态量单项扣分	状态量单项扣分
本体	≤ 30	≤ 10	>30	12~20	>20~24	>30
套管	≤ 20	≤ 10	>20	12~20	>20~24	>30
冷却系统	≤ 12	≤ 10	>20	12~20	>20~24	>30
分接开关	≤ 12	≤ 10	>20	12~20	>20~24	>30
非电量保护	≤ 12	≤ 10	>20	12~20	20~24	>30

2.4.1.3 状态量扣分标准

换流变压器本体、套管和冷却系统的各状态量扣分标准见表 2-3~ 表 2-5，其余部件的扣分标准参见 Q/GDW 169—2008《油浸式变压器（电抗器）状态评价导则》。

当状态量（尤其是多个状态量）变化，但不能确定其变化原因或具体部件时，应进行分析诊断，判断状态量异常的原因，确定扣分部件及扣分值。

经过诊断仍无法确定状态量异常原因时，应根据最严重情况确定扣分部件及扣分值。

表 2-3　换流变压器本体状态量扣分标准

序号	分类	状态量名称	劣化程度	基本扣分	判断依据	权重系数	备注
1	家族缺陷	同厂、同型、同期设备的故障信息		8	严重缺陷未整改的	2	针对外绝缘和散热相关的缺陷
				10	危急缺陷未整改的	2	
2	运行巡检	短路电流、短路次数		2	短路冲击电流在允许短路电流的50%~70% 之间，次数累计达到 6 次及以上	0	按本表要求安排测试时，本项不扣分；测试结果按相关项目（色谱、频率响应、短路阻抗、绕组电容量等）标准扣分
				4	短路冲击电流在允许短路电流的70%~90%，按次扣分		
				10	短路冲击电流在允许短路电流 90% 以上，按次扣分		
3		短路冲击累计		2	短路冲击电流在允许短路电流 90% 以上，按次扣分	2	
4		变压器过负荷	I	2	达到短期急救负载运行规定或长期急救负载运行规定	2	
5		过励磁	I	2	达到变压器过励磁限值	2	
6		油枕密封元件（胶囊、隔膜、金属膨胀器）	II	4	金属膨胀器有卡滞、隔膜式油枕密封面有渗油迹	4	
			IV	10	金属膨胀器破裂、胶囊、隔膜破损		
7		本体储油柜油位	I	4	油位异常：过高或过低	2	
8		渗油	I	2	有轻微渗油，但未形成油滴，部位位于非负压区	2	
9		漏油	II	4	有轻微渗漏（但渗漏部位位于非负压区），不快于每滴 5 秒	2	
			IV	10	渗漏位于负压区或油滴速度快于每滴 5 秒或形成油流	4	
10		噪声及振动	I	2	噪声、振动异常，绝缘油色谱正常	4	查阅变压器运行巡视记录或缺陷分析报告；根据国家电网公司《110（66）kV-500 浸式变压器（电抗器）运行规范》第二十六条异常声音的处理
			II	4	噪声、振动异常，绝缘油色谱异常		
11		表面锈蚀	I	2	表面漆层破损和轻微锈蚀	1	
			III	8	表面锈蚀严重		

续表

序号	分类	状态量名称	劣化程度	基本扣分	判断依据	权重系数	备注
12	运行巡检	呼吸器	II	4	吸湿器油封异常，或呼吸器呼吸不畅通，或硅胶潮解变色部分超过总量的2/3 或硅胶自上而下变色	2	
			IV	10	呼吸器无呼吸		
13	运行巡检	运行油温	III	8	顶层油温异常	3	
14		压力释放阀	IV	10	动作（周围有油迹）	4	
15		瓦斯继电器	II	4	轻瓦斯发信，但色谱分析无异常	4	
			IV	10	轻瓦斯发信，且色谱异常或重瓦斯动作		
16	试验	绕组直流电阻	IV	10	1. 各相绕组相互间的差别大于三相平均值的2%，无中性点引出线的绕组，仙剑偏差大与三厢平均值的1% 2. 与以前同部位测得值折算到相同温度其变化大于2% 3. 但三相间阻值大小关系与出厂不一致	3	
17		绕组介质损耗因数	I	2	介质损耗因数未超标准限值，但有显著性差异	3	
			III	8	介质损耗因数超标、电容量无明显变化		
18		电容量	IV	10	绕组电容变化 >5%	4	
19		铁芯绝缘	I	2	铁芯多点接地，但运行中通过采取限流措施，铁芯接地电流一般不大于0.1A。	2	
			II	4	铁芯接地电流在 0.1~0.3A		
			IV	10	铁芯接地电流超过 0.3A		
20		绕组频率响应测试	IV	10	绕组频响测试反应绕组有变形	3	
21		短路阻抗	I	2	1. 短路阻抗与原始值的有差异，但偏差小于2%	3	
			II	4	2. 短路阻抗与原始值的差异 >2%，但小于3%		
			IV	10	3. 短路阻抗与原始值的差异 >3%		
22		泄漏电流	II	4	历次相比变化 30%~50%	1	
			IV	10	历次相比变化大于 50%		

续表

序号	分类	状态量名称	劣化程度	基本扣分	判断依据	权重系数	备注
23		绕组绝缘电阻、吸收比或极化指数	Ⅳ	10	绝缘电阻不满足规程要求	2	
24		油介质损耗因数（tgδ）	Ⅱ	4	110~220kV 变压器 tgδ ≥ 4%；330kV 及以上变压器 tgδ ≥ 2%	3	
25		油击穿电压	Ⅱ	4	110（66）~220kV 变压器 ≤ 35kV 330kV 变压器 ≤ 50kV	3	
26		水分	Ⅱ	4	110（66）kV 变压器 ≥ 35mg/L 220kV 变压器 ≥ 25mg/L 330kV 以上变压器 ≥ 15mg/L	3	
27		油中含气量	Ⅱ	4	500kV 变压器油中含气量（体积分数）大于 3%	2	
28	试验	绝缘纸聚合度	Ⅳ	10	绝缘纸聚合度 ≤ 250	3	
29		红外测温	Ⅱ	4	油箱红外测温异常	3	
30		油中溶解气体分析	总烃	Ⅱ	4	总烃含量大于 150μL/L	3	
			Ⅲ	8	产气速率大于 10%/月		
			Ⅳ	10	总烃含量大于 150μL/L，且有增长趋势，但产气速率大于 10%/月		
			C_2H_2 Ⅱ	4	乙炔含量大于注意值	4	
			CO、CO_2 Ⅱ	4	CO 含量有明显增长	2	
			H_2 Ⅱ	4	H_2 含量大于 150μL/L	2	
31		变压器中性点直流电流测试		0	中性点直流电流 < 1A	3	
				8	中性点直流电流 >3A		

表 2-4 变压器套管状态量扣分标准

序号	分类	状态量名称	劣化程度	基本扣分	判断依据	权重系数	备注
1		外绝缘	Ⅳ	10	外绝缘爬距不满足要求，且未采取措施	3	
2	巡检	外观	Ⅰ	2	瓷件有面积微小的脱釉情况或套管有轻微渗漏	4	
			Ⅳ	10	套管出现严重渗漏		
3		油位指示	Ⅳ	10	油位异常	3	

续表

序号	分类	状态量名称		劣化程度	基本扣分	判断依据	权重系数	备注
4	试验	绝缘电阻		I	2	主屏＜10000MΩ	3	
5		介损		III	8	介损值达到标准限值的70%，且变化大于30%	3	
				IV	10	介损超过标准要求		
6		电容量		III	8	与出厂值或前次试验值相比，偏差大于5%	4	
7		油中溶解气体分析	总烃	II	4	总烃含量大于150μL/L	3	
				III	8	产气速率大于10%/月		
				IV	10	总烃含量大于150μL/L，且有增长趋势，但产气速率大于10%/月		
			C_2H_2	II	4	乙炔含量大于注意值	4	
			CO、CO_2	II	4	CO 含量有明显增长	2	
			H_2	II	4	H_2 含量大于150μL/L	2	
8		红外测温		IV	10	接头发热或套管本体温度部分异常	3	

表 2-5　冷却（散热）器系统状态量扣分标准

序号	分类	状态量名称	劣化程度	基本扣分	判断依据	权重系数	备注
1	巡检	电机运行	I	2	风机运行异常	2	
			IV	10	油泵、水泵及油流继电器工作异常		
2		冷却装置控制系统	IV	10	冷却器控制系统异常	2	
3		冷却装置散热效果	I	2	冷却装置表面有积污，但对冷却效果影响较小	3	
			IV	10	冷却装置表面积污严重，对冷却效果影响明显		
4		水冷却器（如有）	IV	10	冷却水管有渗漏	4	
5		渗油	I	2	有轻微渗油，但未形成油滴，部位位于非负压区	2	
6		漏油	IV	10	渗漏位于负压区或油滴速度快于每滴5s或形成油流	4	
			II	2	有轻微渗油，未形成油滴，部位位于非负压区		

2.4.2　整体状态评价

换流变压器的整体状态评价应综合其部件的评价结果。当所有部件评价为正常状态时，整体评价为正常状态；当任一部件状态为注意状态、异常状态或严重状态时，整体评价应为其中最严重的状态。

2.5　异常处置

2.5.1　处理原则

变压器类充油设备异常及故障处理参照DL/T 572-2010《电力变压器运行规程》及DL/T 969-2005《变电站运行导则》6.2.3要求执行。

2.5.2　处置方案

以下方案是以厦门柔直工程鹭岛 ±320kV 换流站为例。

2.5.2.1　#1 换流变非电量保护动作（本体重瓦斯、有载重瓦斯）

2.5.2.1.1　事件特征

OWS 后台报：NEP #1 换流变非电量保护1跳闸，PCP1 换流变保护跳闸；极Ⅰ中性线0010开关、00101 刀闸、00102 刀闸断开。

2.5.2.1.2　现场应急处置流程

顺序	处置步骤	执行
1	值班负责人跟向省调汇报：#1 换流变非电量保护动作，#1 换流器闭锁，中性母线隔离动作0010开关跳闸，浦岛极Ⅰ线0330线路跳闸。当前鹭岛站极Ⅰ负荷为0，负荷已全部转移至另一极，有功 XX MW，无功 XX MVar；立即安排人员现场检查	
2	立即汇报值班室和柔直站站长	
3	查看：三套 #1 换流变保护的指示灯、液晶面板；故障录波装置动作信息。打印有关报告	
4	检查 #1 换流变 A 相外观，有无喷油，损坏等明显故障；检查呼吸器工作正常	
5	通知检修人员取瓦斯气体和油样进行色谱分析，分析事故性质及原因	
6	如果通过气体分析，换流变内部无故障，经总工批准后停用重瓦斯保护后可进行一次试送电，差动及其他保护必须投入	
7	根据调度指令对 #1 换流变进行试送电	
8	如果试送不成功则向省调申请将 #1 换流器转检修	
9	根据调度指令将 #1 换流器转检修	
10	运维值班室值班人员短信告知相关领导	
11	运维班值班负责人做好有关记录	

2.5.2.2 #1 换流变电量保护动作（大差动、小差动、引线差动）

2.5.2.2.1 事件特征

OWS 后台报：CTP #1 大差差动动作，PCP1 换流变保护跳闸；极 I 中性线 0010 开关、00101 刀闸、00102 刀闸断开。

2.5.2.2.2 现场应急处置流程

顺序	处置步骤	执行
1	值班负责人跟向省调汇报：#1 换流变差动保护动作（引线差分差动作），#1 换流器闭锁，中性母线隔离动作 0010 开关跳闸，浦岛极 I 线 0330 线路跳闸。当前鹭岛站极 I 负荷为 0，负荷已全部转移至另一极，有功 XX MW，无功 XX MVar；立即安排人员现场检查	
2	立即汇报值班室和柔直站站长	
3	检查保护是否工作：（1）#1 换流变三套保护工作，其指示灯、液晶面板有显示；（2）故障录波装置工作，打印故障报告	
4	根据保护动作情况初步确定的范围进行现场检查	
5	向省调详细汇报：XX 时 XX 分，鹭岛换流站 #1 换流变三套差动保护动作（引线差分差动作），换流变启动电阻旁路开关有放电痕迹。并申请将 #1 换流器转检修	
6	根据调度指令将 #1 换流器转检修	
7	运维值班室值班人员短信告知相关领导	
8	运维班值班负责人做好有关记录	

第3章 控制及保护系统

3.1 设备简介

3.1.1 硬件组成

直流极控系统的硬件整体结构可分为两部分。

（1）直流极控柜：包括主控单元和 I/O 设备，完成直流极控系统的各项控制功能，完成与极层控制 LAN 网的接口，完成与运行人员工作站以及远动工作站的通信，完成与交流站控（ACC）、故障录波、直流系统保护、主时钟和现场总线的接口。

（2）分布式 I/O 及现场总线：完成极控系统所需要的各种模拟量和状态量的采集以及开出功能。

3.1.2 控制方式

柔性直流控制保护系统中集成了电压源换流器的基本控制方式，分为三类。

（1）定直流电压控制。其主要功能是维持直流系统的直流电压恒定，直流电压控制站相当于功率平衡节点。

（2）交流侧无功功率控制以及交流电压控制。在柔性直流系统中，由于接入交流系统的传输功率变化，可能会引起交流侧电压的波动。换流站交流电压控制是利用换流器的无功出力来保持交流电压恒定。因此，要求换流站无功出力大小须满足交流电压调节需要，同时无功出力受到有功传输功率的影响，即受到本站 PQ 运行曲线限制。

（3）有功功率控制和频率控制。有功功率指令由运行人员根据调度要求手动在界面输入，或者由运行人员根据调度下达的预设的功率曲线让系统自动调取，以调整功率。

3.2 运行规定

（1）高压设备投运时，必须投入相应的二次设备。

（2）二次设备的工作环境应满足设备运行要求。

（3）运行中的保护装置应按照调度指令投入和退出，并由值班人员进行操作。继电保护和安全稳定自动装置第一次投入及运行中改变定值，值班人员应与调度核对定值。

（4）设备带负载后，须做带负载试验的保护应分别进行试验，试验结果正确后，报告调度。

（5）继电保护和自动装置动作后，应检查装置动作情况，先记录，后复归保护信号，并应报告调度。

（6）在二次回路上的工作应有有效的防误动、防误碰保安措施。

（7）对站用电、直流系统进行操作前，应对受影响的继电保护、自动装置、监控系统等二次设备做好措施。

（8）避免在继电保护装置、监控工作站、工程师站、前置机、信号采集屏附近从事有剧烈振动的工作，必要时申请停用有关保护。在装有微机型的保护装置、安全稳定自动装置、监控装置的室内及邻近的电缆层内，禁止使用无线通信设备。

3.3 巡视检查

3.3.1 一般原则

（1）检查运行人员监控后台无异常报警；

（2）检查机架、端子排、柜门外观完好，无变形、无锈蚀；

（3）检查面板指示灯是否正常，有无异常报警，液晶显示屏是否正常，是否有新事件记录或报告，电源开关位置正确，电源指示正常；

（4）检查屏内外接线端子无松动、接线脱落；

（5）检查保护装置、二次回路、电缆屏蔽层接地良好；

（6）端子排接头有无放电现象，柜内有无焦煳味；

（7）柜内外清洁无杂物，打印机无异常；

（8）标签完整清晰，定义明确，规格标准；

（9）屏柜内部无接点异常抖动、风扇振动等异常声响；

（10）屏柜门关闭良好，底部封堵完好，无凝结水现象，无小动物出现；

（11）屏柜内开关、接触器、二次端子温度正常；

（12）压板、转换开关、按钮完好及位置正确；

（13）屏柜装置 GPS 对时准确；

（14）屏柜名称、编号清楚；

（15）屏柜内光纤连接牢固，无松动、脱落现象；

（16）控制保护装置的主、备运行状态良好。

3.3.2 例行巡视

（1）盘面检查，查看中央报警系统无异常报警。

（2）现场检查。

1）检查面板指示灯是否正常，有无异常报警，液晶显示屏是否正常，是否有新事件记录或报告，查看光纤线路保护的通道是否正常，电源开关位置正确，电源指示正常；

2）查看屏内外接线端子无松动、接线脱落，查看保护装置、二次回路、电缆屏蔽层接地良好，压板、转换开关、按钮完好，位置正确；

3）端子排接头有无放电现象，盘内有无焦煳味；

4）屏内外清洁、无杂物，打印机处于正常待机状况，打印纸充足，保护屏及户外箱内金属件（包括螺钉）无锈蚀现象；

5）标签完整清晰，定义明确，规格标准；

6）查看继保室环境温度、湿度、防鼠板、孔洞封堵情况完好；

7）检查控制保护主机的主、备运行状态良好。

（3）声音检查，屏柜内部无接点异常抖动、风扇振动等异常声响。

（4）密封检查，屏柜门关闭良好，底部封堵完好，无凝结水现象无小动物出现。

（5）接地检查，查看保护装置、二次回路、电缆屏蔽层接地良好。

3.3.3 全面巡视

在例行巡视的基础上，检查红外测温、盘内开关、接触器、二次端子温度是否正常。

3.4 异常处置

3.4.1 一般原则

（1）正常情况下，双重化的控制保护系统中，一套为"值班"状态，另一套为"备用"状态。

（2）直流输电系统运行时，不允许两套控制保护系统同时不可用。控制保护系统的故障处理应在试验状态下进行，确保另一系统为主用状态、运行正常。故障处理不得影响主用系统，且不得在主用系统上进行任何操作。

（3）在控制保护系统上进行工作时，要采取防止静电感应的措施，以免拔插板卡硬件设备时损坏设备。

（4）特别注意故障处理会影响其他相关系统，并可能造成直流闭锁、断路器跳闸等后果。应将相关系统放置试验状态且锁定状态后，才能开始工作。

（5）在进行远程、就地操作时访问主机或板卡，应采取措施防止误入工作系统或其他系统。

（6）在进行更换主机或板卡工作时应确保硬件型号、版本号和跳线设置等正确无误；在进行主机或板卡软件重新装载时，应确保程序版本和参数设置等正确无误。

（7）故障处理或试运行结束后，手动将系统由试验状态切换至服务状态之前，应对主机或板卡进行一次重新启动，并检查该系统和相关系统功能正常，且无直流闭锁、断路器跳闸等命令。

（8）故障处理完毕，应尽快将系统恢复备用。

3.4.2　紧急停用规定

（1）一般情况下，应保证控保系统处于正常运行状态下运行。因进行维护、试验和故障处理等工作，需要将相应系统退出运行时，应先保证对应的冗余系统处于"运行"状态且正常运行，再尽可能将该系统退至"试验"状态下；对可能影响其他控制或保护系统正常运行的危险点，须做好防范措施，将相关控保系统退至"试验"状态，再进行工作。

（2）除双系统初始上电状态外，任何状态下有且仅有一套主机处于值班状态。如两套系统均存在严重或紧急故障，故障主机将维持在值班状态。

（3）在 PCS9520/9552 系统上进行接触电子元器件的工作时，要有防止静电放电的措施（戴防静电护腕）。暴露光纤头要有防尘措施（光纤头盖防尘帽）。不得热拔插板卡，以免损坏。

（4）更换主机或板卡，应检查硬件型号、版本正确，需要设置参数的，要正确设置。重载主机或板卡程序时，应确保程序版本正确，安装正确、完整。

（5）故障处理完毕后，应将处理系统尽快恢复备用。若对处理系统投入运行存在疑虑，经主管生产领导批准，可向省调申请将处理系统暂放置"试验"状态进行试运行，待试运行结束后投入运行。

（6）故障处理完毕后，将系统由"试验"状态手动切至"服务"状态前，检查该系统和相关系统功能正常且不存在极闭锁、开关跳闸等命令。

（7）PCS9520/9552 系统板卡和主机发生故障后，为降低 PCS9520 双系统故障发生的风险，换流站运行人员应按照规定及时收集故障信息，然后按照规定的步骤进行一次重启动；如启动不成功，应立即通知检修团队进行检查处理。

3.4.3　故障现象及处理方法

3.4.3.1　控保主机死机

1.故障现象

发现主机界面变紫红色，或者后台界面出现 CPU 监视报警，经检查发现控保系统相关的主机死机。

2.分析处理

（1）立即暂停有关操作和检修维护工作，汇报省调及相关领导，并上报缺陷，通知检修人员检查处理。

（2）如果是一台 PCS9520 控保主机故障，检查故障主机是否已切至不可用状态（"备用" 或 "服务"）。

（3）若能将极控制系统 A 切至试验状态，应先在运行人员工作站的"站网结构"画面中将 A 系统由服务状态切换至试验状态；若不能，则通知检修负责人处理。

（4）然后，收集故障信息，获得主机紧急故障类型及找到故障的插件。

（5）重启后检查故障主机是否正常运行。若主机恢复正常运行，检查通讯正常后，继续加强监视。

（6）若无法恢复正常运行，由检修人员更换主机或者故障的插件，检查主机各元件接线是否牢固。同时运维人员应对正常主机加强监视。

（7）如果同一系统两套极控制主机、两套阀控制主机或三套保护主机同时出现紧急故障，则会主动停运相应极的系统；如果同一系统两套极控制主机或三套保护主机同时出现严重故障，建议尽快停运排查问题；如果同一系统两套极控制主机或三套保护主机同时出现轻微故障，可持续运行，检查轻微故障原因排查故障即可。

（8）站控主机两套都死机，可以运行，但此时在后台不能操作站控的响应刀闸，运行人员需到现场进行巡视和检查：站用电系统柜功率输送是否正常，开关、刀闸运行状态，无功控制是否正常等。

（9）若控保系统均死机，立即尝试恢复一个系统，根据退出运行的原因复杂程度尝试恢复容易处理的系统。逐台重启主机，重启后检查故障主机是否正常运行。主机恢复正常运行，检查通讯正常后，继续加强监视。若主机无法恢复正常运行，由检修人员更换主机或者故障的插件，检查主机各元件接线是否牢固；同时对正常主机加强监视。

3.4.3.2 服务器死机故障

1.故障现象

发现 OWS 工作站与服务器的通讯中断，事件记录更新缓慢，检查发现服务器死机。

2.分析处理

（1）立即暂停有关操作和检修维护工作，汇报省调及有关领导，上报缺陷，通知检修人员处理。

（2）如果是一台服务器故障，检查故障服务器已切至备用状态；若未自动切换，手动切至备用状态，然后重启故障服务器。重启后检查故障服务器，若恢复正常运行，检查通讯正常后，继续加强监视。

若重启后仍无法正常运行，检修人员可更换服务器，同时运维人员对另外一台服务器加强监视。

（3）如果是两台服务器同时故障，停止站内任何工作，密切监视直流系统运行情况。检修人员应立即逐台重启服务器，并要求调度对换流站保障供电，保持运行方式不变。重启后检查故障服务器若恢复正常运行，检查通讯正常后，继续加强监视；若重启后仍无法正常运行，由检修人员更换故障服务器，及时恢复运行。

（4）运维人员需到现场进行巡视和检查，查看就地控制系统操作屏是否正常，若就地控制系统操作屏正常，可以通过就地控制系统 LWS 工作站监视水冷系统、直流场等直流相关设备状态，但需现场检查以下重要设备：

1）内冷水房（重要）：检查内冷水主循环泵运行是否正常，检查现场进出水温度、压力、流量等情况。

2）直流场（重要）：检查开关、刀闸运行状态，检查 SF_6 压力是否正常。

3）冷却塔（比较重要）：检查喷淋泵、风扇运行是否正常。

4）站用电（比较重要）：检查 10kV 室、400V 室负荷运行情况。

3.4.3.3　单极故障

1. 故障现象

单极直流保护动作，该极闭锁，另一极设备正常运行，故障前二次设备运行正常。

2. 分析处理

（1）立即汇报省调及相关领导。

（2）检查运行极是否过负荷，若是则向省调申请降功率。

（3）向省调申请将故障极转检修，同时对运行极加强监视。

（4）现场检查保护范围内一次设备和所有电气连接设备有无明显的短路、放电、闪络等现象，若有则应准备好备品进行更换。

（5）查看直流控保系统运行情况，分析故障录波，判断是否为保护误动。

（6）通知继保人员处理，排除控保系统故障的可能。

（7）直流场设备恢复送电后，应对直流场设备进行一次全面巡视。

第④章　断路器

4.1　设备简介

　　高压断路器（或称高压开关）不仅可以切断或接通高压电路中的空载电流和负荷电流，而且当系统发生故障时，可以通过继电器保护装置的作用，切断过负荷电流和短路电流，也就是说，它具有相当完善的灭弧结构和足够的断流能力。

4.2　运行规定

　　（1）分、合闸指示器应指示清晰、正确。

　　（2）断路器应有动作次数计数器，计数器调零时应作累计统计。

　　（3）端子箱、机构箱箱内整洁，箱门平整，开启灵活，关闭严密，有防雨、防尘、防潮、防小动物措施。电缆孔洞封堵严密，箱内电气元件标志清晰、正确，螺栓无锈蚀、松动。

　　（4）应具备远方和就地操作方式。

　　（5）断路器在检修时一定要插入分、合闸锁销，以防误动脱扣器或触发器而伤及人身。

　　（6）当开关在运行中，不得误动开关的操作部分和开关的储能位置，不得开启开关柜网门。

　　（7）断路器通常应在额定参数下运行，电压变动不应超过额定电压的10%；事故过负荷电流不得超过额定电流的20%。

　　（8）断路器允许开断次数和长期允许运行电流，以及额定遮断故障次数，以运维检修部每年下达的正式通知为准。允许遮断次数统计时应注意：

　　　　1）过流、过负荷、低周减载、电容器熔丝熔断、不平衡电压动作跳闸不统计在允许遮断次数范围内。

　　　　2）电容器正常投切不统计在允许遮断次数范围内。

　　　　3）重合闸动作而重合后又跳闸（重合不成功），则统计故障相遮断次数2次。

（9）高压断路器短路跳闸次数达到允许跳闸次数的前1次（重合闸投入运行者为前2次）时，运维人员应立即报告调度和检修人员，并由检修人员组织安排对该断路器进行临修，开关到达允许跳闸次数后若因故不能及时进行临修者，需经公司总工程师批准后方可继续运行。

（10）采用气动操作机构的断路器每月须进行一次排气（装有空气净化装置的除外）。

（11）运行中开关现场汇控柜或非全相端子箱内的非全相功能压板及其出口压板正常时应投入，严禁解除，并贴上"正常运行时应投入，禁止解除"标签，防止因开关操作机构故障造成开关非全相运行时机构本体非全相保护无法出口。

4.3 巡视检查

4.3.1 例行巡视

（1）盘面检查：查看OWS上中央报警系统无异常报警。

（2）外观检查，应注意：

1）无焦煳味，储能指示正常，运行状态（分、合）与实际运行方式相符；

2）本体无异常震动声响，弹簧机构弹簧无有裂纹或断裂，支架无锈蚀或变形。

（3）声音检查：检查断路器运行声音正常。

（4）数据检查：断路器在正常运行时，检查压力值在正常范围内并记录，抄录气动机构启动次数、累计机械操作次数，每日对巡视数据进行分析。

（5）密封检查：机构箱密封完好，且箱内孔洞封堵严密，接地线无松动或脱落。

（6）接地检查：断路器构架和端子箱、机构箱接地连接良好，基础无破损或开裂，基础无下沉。

4.3.2 全面巡视

（1）盘面检查：远方/就地投切把手在远方位置，打压电动机电源投入正常。

（2）数据检查：正常运行时，检查压力值在正常范围内并记录，抄录气动机构启动次数、累计机械操作次数，每日对巡视数据进行分析。

（3）防潮检查：断路器端子箱内加热器投退正常，温湿度控制器投入正常，箱内无结水现象。

（4）污秽检查：断路器本体无污秽现象，套管无破损、无裂纹。

（5）防误检查：设备防误标识正确齐全、清晰、无损坏。

（6）器件检查：断路器机构箱内继电器、接触器、开关接线无发霉、锈蚀、过热现象，外观正常。

（7）电源检查：断路器机构箱及端子箱内各电源开关均在正确位置。

（8）红外测温：利用红外测温仪检查设备接头发热情况。

4.4 状态评价

断路器的状态评价分为部件评价和整体评价两部分。

4.4.1 部件状态评价

4.4.1.1 部件的划分

根据交流断路器各部件的独立性，将断路器主要部件分为：本体、操动机构（分为弹簧机构、液压机构、液压弹簧机构、气动机构等）、并联电容、合闸电阻共 4 个。

4.4.1.2 评价方法

断路器某一部件的状态的评价应同时考虑各状态量单项的扣分情况和本部件合计的扣分情况，然后评定为正常、注意、异常或严重状态，评定标准见表 4-1。

表 4-1　断路器各部件状态评定标准

状态\部件	正常状态	注意状态（以下任一满足）		异常状态	严重状态
	合计扣分	合计扣分	单项扣分	单项扣分	单项扣分
断路器本体	< 30	≥ 30	12~16	20~24	≥ 30
操动机构	< 20	≥ 20	12~16	20~24	≥ 30
并联电容器	< 12	≥ 12	12~16	20~24	≥ 30
合闸电阻	< 12	≥ 12	12~16	20~24	≥ 30

4.4.1.3 状态量扣分标准

断路器各部件的各状态量的扣分标准见表 4-2~ 表 4-8。

表 4-2　本体状态量扣分标准

部件	状态量	劣化程度	基本扣分	判断依据	权重系数	应扣分值（基本扣分 × 权重）
本体	累计开断短路电流值（折算后）	II	4	小于但达到厂家规定值80%	4	
		IV	10	大于厂家规定值		
	本体锈蚀	III	8	外观连接法兰、连接螺栓有较严重的锈蚀或油漆脱落现象	1	
	振动和声响	IV	10	设备运行中有异常振动、声响；内部及管道有异常声音（漏气声、振动声、放电声等）	4	
	高压引线及端子板连接	IV	10	引线端子板有松动、变形、开裂现象，或严重发热痕迹		

续表

部件	状态量		劣化程度	基本扣分	判断依据	权重系数	应扣分值（基本扣分 × 权重）
	接地连接锈蚀		I	2	接地连接有锈蚀或油漆剥落	1	
	接地连接松动		III	8	接地引下线松动	4	
			IV	10	接地线已脱落，设备与接地断开		
	分、合闸位置指示		IV	10	分、合闸位置指示不正确，与当时的实际本体运行状态不相符	4	
本体	基础及支架	基础破损	IV	10	基础有严重破损或开裂	1	
		基础下沉	III	8	基础有轻微下沉或倾斜	1	
			IV	10	基础有轻微下沉或倾斜，影响设备安全运行		
		支架锈蚀	IV	10	支架有严重锈蚀	1	
		支架松动	IV	10	支架有松动或变形	3	
	瓷套	瓷套污秽	II	4	瓷套外表有明显污秽	3	
			IV	10	瓷套外表有明显污秽		
		瓷套破损	I	2	瓷套有轻微破损	3	
			II	4	瓷套有严重破损，但破损部位不影响短期运行		
			IV	10	瓷套有严重破损或裂纹		
		瓷套放电	I	2	瓷套外表面有轻微放电或轻微电晕	3	
			IV	10	瓷套外表面有明显放电或较严重电晕		
	均压环	均压环锈蚀	IV	10	均压环有严重锈蚀	1	
		均压环变形	I	2	均压环有轻微变形	2	
			IV	10	均压环有严重变形		
		均压环破损	I	2	均压环外观有轻微破损	3	
			IV	10	均压环外观有严重破损		
	相间连杆	相间连杆锈蚀	IV	10	相间连杆有严重锈蚀	2	
		相间连杆变形	IV	10	相间连杆有严重变形	3	
	SF_6 压力表及密度继电器	外观	III	8	外观有破损或有渗漏油	3	
		压力表指示	IV	10	压力表指示异常	3	

续表

部件	状态量		劣化程度	基本扣分	判断依据	权重系数	应扣分值（基本扣分×权重）
本体	SF₆气体密度		I	2	SF₆气体两次补气间隔大于一年且小于两年	1	
			II	4	两次补气间隔小于一年大于半年	2	
			III	8	两次补气间隔小于半年	4	
	SF₆气体		II	4	运行中微水值大于300μ/L	1	
			III	8	运行中微水值大于300μ/L且有快速上升趋势	3	
			IV	10	运行中微水值大于500μ/L且有快速上升趋势	4	
	主回路电阻值		I	2	和出厂值比较有明显增长但不超过20%	4	
			II	4	超过出厂值的20%但小于50%		
			III	8	超过出厂值测50%		
	红外测温	引线接头	II	4	相对温差≥35%，但热点温度<80℃	3	
			III	8	110℃>热点温度≥80℃,95%或相对温差≥80%		
			IV	10	热点温度≥110℃或相对温差≥95%		
		灭弧室	II	4	相对温差≥35%，但热点温度<80℃	4	
			III	8	80℃>热点温度≥55℃，或95%>相对温差≥80%		
			IV	10	热点温度≥80℃或相对温差≥95%		
	密封件		II	4	密封件接近使用寿命	3	
			III	8	密封件接近使用寿命		
罐式断路器	TA异常声响		IV	10	TA内有异常声响	3	
	TA二次回路绝缘电阻		III	8	TA二次回路绝缘电阻小于2MΩ	3	
	TA外壳密封条		III	8	密封条脱落	3	
	TA外壳		III	8	TA外壳有变形	2	
	罐内异响		IV	10	罐内有异响	3	
	罐体加热带		IV	10	罐体加热带	3	
	罐体锈蚀		IV	10	罐体有严重锈蚀	1	
	局部放电		III	8	局部放电有异常	3	
			IV	10	局部放电有异常且有增长趋势		
	同厂、同型设备被通报的故障、缺陷信息		III	8	严重缺陷未整改的	2	
			IV	10	危急缺陷未整改的		

表 4-3　液压机构状态量扣分标准

部件	状态量		劣化程度级别	基本扣分	判断依据	权重系数	应扣分值（基本扣分 × 权重）
液压机构	操作次数		I	2	机械操作大于厂家规定次数的 50% 且少于厂家规定次数的 80%	4	
			II	4	机械操作大于厂家规定次数的 80% 且少于厂家规定次数		
			IV	10	机械操作大于厂家规定次数		
	分合闸线圈	操作电压	IV	10	分合闸脱扣器不满足下列要求：1）合闸脱扣器应能在其额定电压的 85%~110% 范围内可靠动作；2）分闸脱扣器应能在其额定电源电压 65%~110% 范围内可靠动作。当电源电压低至额定值的 30% 时不应脱扣	3	
		直流电阻	IV	10	直流电阻与出厂值或初始值得偏差超过 20%	3	
		分合闸线圈	IV	10	线圈引线断线或线圈烧坏	4	
	机械特性	分闸时间	IV	10	不符合厂家要求	3	
		合闸时间	IV	10	不符合厂家要求		
		合分时间	IV	10	不符合厂家要求		
		相间合闸不同期	IV	10	相间合闸不同期大于 5ms 或不符合厂家要求		
		相间分闸不同期	IV	10	相间分闸不同期大于 3ms 或不符合厂家要求		
		同相各断口合闸不同期	IV	10	同相各断口合闸不同期大于 3ms 或不符合厂家要求		
		同相各断口分闸不同期	IV	10	同相各断口分闸不同期大于 2ms 或不符合厂家要求		
	储能电机	绝缘电阻	IV	10	储能电机绝缘电阻低于 0.5MΩ（采用 500V 或 1000V 绝缘电阻表测量）	3	
		锈蚀	III	8	储能电机外壳严重锈蚀	1	
		异响	II	4	储能电机有异响	3	
		损坏	IV	10	储能电机烧损或停转	4	
	三相不一致保护		III	8	三相不一致保护功能检查不正常或不符合技术文件要求	3	
	油压力表		II	4	外观有损坏	3	
			IV	10	指示有异常		
	泵的补压时间		II	4	泵的零起打压时间不满足厂家技术条件要求	2	
	操作压力下降值		III	8	分闸、合闸、重合闸操作压力下降值不满足技术文件要求	3	

续表

部件	状态量		劣化程度级别	基本扣分	判断依据	权重系数	应扣分值（基本扣分×权重）
液压机构	液压机构压力及打压		II	4	液压机构24h内打压次数超过技术文件要求	4	
			III	8	液压机构24h内打压次数超过技术文件要求且有上升的趋势		
			IV	10	液压机构打压不停泵		
			IV	10	分闸闭锁、合闸闭锁动作		
	储气缸		III	8	储气缸渗油，压力异常升高	3	
			III	8	储气缸漏氮，未到报警值		
	动作计数器		II	4	失灵	1	
	机构箱	密封	I	2	机构箱密封不良	3	
			IV	10	机构箱密封不良，箱内有积水		
		变形	I	2	机构箱有轻微变形	1	
			III	8	机构箱有较严重变形		
		机构箱锈蚀	IV	10	机构箱有严重锈蚀	2	
	二次元件	温湿度控制装置	II	4	温湿度控制器工作不正常，加热器不能正常启动	3	
			III	8	温湿度控制器不正常启动，机构箱内有凝露现象		
		其他二次元件	IV	10	接触器、继电器、辅助开关、限位开关、空气开关、切换开关等二次元件接触不良或切换不到位；控制回路的电阻、电容等零件损坏	4	
	端子排及二次电缆	端子排锈蚀	III	8	端子排有较严重锈蚀	2	
		二次电缆	III	8	绝缘层有变色、老化或损坏等	3	
	辅助及控制回路绝缘电阻		III	8	辅助及控制回路绝缘电阻低于2MΩ（采用500V或1000V绝缘电阻表测量）	3	
	密封件		II	4	密封件接近使用寿命	3	
			III	8	密封件超过使用寿命	3	
同厂、同型设备被通报的故障、缺陷信息			III	8	严重缺陷未整改的	2	
			IV	10	危急缺陷未整改的		

表 4-4　弹簧机构状态量扣分标准

部件	状态量		劣化程度级别	基本扣分	判断依据	权重系数	应扣分值（基本扣分×权重）
弹簧机构	操作次数		I	2	机械操作大于厂家规定次数的 50% 且少于厂家规定次数的 80%	4	
			II	4	机械操作大于厂家规定次数的 80% 且少于厂家规定次数		
			IV	10	机械操作大于厂家规定次数		
	分合闸线圈	操作电压	IV	10	分合闸脱扣器不满足下列要求：1）合闸脱扣器应能在其额定电压的 85%~110% 范围内可靠动作；2）分闸脱扣器应能在其额定电源电压 65%~110% 范围内可靠动作。当电源电压低至额定值的 30% 时不应脱扣	3	
		直流电阻	IV	10	直流电阻与出厂值或初始值得偏差超过 20%	3	
		分合闸线圈	IV	10	线圈引线断线或线圈烧坏	4	
	时间特性	分闸时间	IV	10	与初始值有明显偏差或不符合厂家要求	3	
		合闸时间	IV	10	与初始值有明显偏差或不符合厂家要求		
		合分时间	IV	10	与初始值有明显偏差或不符合厂家要求		
		相间合闸不同期	IV	10	相间合闸不同期大于 5ms		
		相间分闸不同期	IV	10	相间分闸不同期大于 3ms		
		同相各断口合闸不同期	IV	10	同相各断口合闸不同期大于 3ms		
		同相各断口分闸不同期	IV	10	同相各断口分闸不同期大于 2ms		
	储能电机	绝缘电阻	IV	10	储能电机绝缘电阻低于 0.5MΩ（采用 500V 或 1000V 绝缘电阻表测量）	3	
		锈蚀	III	8	储能电机外壳严重锈蚀	1	
		异响	II	4	储能电机有异响	3	
		损坏	IV	10	储能电机烧损或停转	4	
	分合闸弹簧	弹簧锈蚀	II	4	弹簧有轻微锈蚀	1	
			IV	10	弹簧有严重锈蚀		
		弹簧损坏	IV	10	弹簧脱落、有裂纹或断裂	4	
		弹簧储能	II	4	弹簧储能时间不满足厂家要求	3	
			IV	10	储能异常		

续表

部件	状态量		劣化程度级别	基本扣分	判断依据	权重系数	应扣分值（基本扣分×权重）
弹簧机构	弹簧机构操作		Ⅲ	8	弹簧机构操作卡涩	3	
	三相不一致保护		Ⅲ	8	三相不一致保护功能检查不正常或不符合技术文件要求	4	
	缓冲器		Ⅲ	8	油缓冲器渗漏油	3	
	动作计数器		Ⅱ	4	失灵	1	
	机构箱	密封	Ⅰ	2	机构箱密封不良	3	
			Ⅳ	10	机构箱密封不良，箱内有积水		
		变形	Ⅰ	2	机构箱有轻微变形	1	
			Ⅲ	8	机构箱有较严重变形		
		机构箱锈蚀	Ⅳ	10	机构箱有严重锈蚀	2	
	二次元件	温湿度控制装置	Ⅱ	4	温湿度控制器工作不正常，加热器不能正常启动，机构箱内有凝露现象	3	
			Ⅲ	8	温湿度控制器不正常启动，机构箱内有凝露现象		
		其他二次元件	Ⅳ	10	接触器、继电器、辅助开关、限位开关、空气开关、切换开关等二次元件接触不良或切换不到位；控制回路的电阻、电容等零件损坏	4	
	端子排及二次电缆	端子排锈蚀	Ⅲ	8	端子排有较严重锈蚀	2	
		二次电缆	Ⅲ	8	绝缘层有变色、老化或损坏等	3	
	辅助及控制回路绝缘电阻		Ⅲ	8	辅助及控制回路绝缘电阻低于2MΩ（采用500V或1000V绝缘电阻表测量）	3	
	密封件		Ⅱ	4	密封件接近使用寿命	3	
			Ⅲ	8	密封件超过使用寿命		
同厂、同型设备被通报的故障、缺陷信息			Ⅲ	8	严重缺陷未整改的	2	
			Ⅳ	10	危急缺陷未整改的		

表 4-5 液压弹簧机构状态量扣分标准

部件	状态量		劣化程度级别	基本扣分	判断依据	权重系数	应扣分值（基本扣分×权重）
弹簧机构	操作次数		I	2	机械操作大于厂家规定次数的50%且少于厂家规定次数的80%	4	
			II	4	机械操作大于厂家规定次数的80%且少于厂家规定次数		
			IV	10	机械操作大于厂家规定次数		
	分合闸线圈	操作电压	IV	10	分合闸脱扣器不满足下列要求：1）合闸脱扣器应能在其额定电压的85%~110%范围内可靠动作；2）分闸脱扣器应能在其额定电源电压65%~110%范围内可靠动作。当电源电压低至额定值的30%时不应脱扣	3	
		直流电阻	IV	10	直流电阻与出厂值或初始值得偏差超过20%	3	
		分合闸线圈	IV	10	线圈引线断线或线圈烧坏	4	
	时间特性	分闸时间	IV	10	与初始值有明显偏差或不符合厂家要求	3	
		合闸时间	IV	10	与初始值有明显偏差或不符合厂家要求		
		合分时间	IV	10	与初始值有明显偏差或不符合厂家要求		
		相间合闸不同期	IV	10	相间合闸不同期大于5ms		
		相间分闸不同期	IV	10	相间分闸不同期大于3ms		
		同相各断口合闸不同期	IV	10	同相各断口合闸不同期大于3ms		
		同相各断口分闸不同期	IV	10	同相各断口分闸不同期大于2ms		
	储能电机	绝缘电阻	IV	10	储能电机绝缘电阻低于0.5MΩ（采用500V或1000V绝缘电阻表测量）	3	
		锈蚀	III	4	储能电机外壳严重锈蚀	1	
		异响	II	4	储能电机有异响	3	
		损坏	IV	10	储能电机烧损或停转	4	
	三相不一致保护		III	8	三相不一致保护功能检查不正常或不符合技术文件要求	3	
	油压力表		II	4	外观有损坏	3	
			IV	10	指示有异常		
	泵的补压时间		II	4	泵的补压时间不满足厂家技术条件要求	3	
	泵的零起打压时间		II	4	泵的零起打压时间不满足厂家技术条件要求	2	
	操作压力下降值		III	8	分闸、合闸、重合闸操作压力下降值不满足技术文件要求	3	

续表

部件	状态量		劣化程度级别	基本扣分	判断依据	权重系数	应扣分值（基本扣分×权重）
弹簧机构	液压机构压力		II	4	液压机构24h内打压次数超过技术文件要求	4	
			III	8	液压机构24h内打压次数超过技术文件要求且有上升的趋势		
			IV	10	液压机构打压不停泵		
			IV	10	分闸闭锁、合闸闭锁动作		
	动作计数器		II	4	失灵	1	
	机构箱	密封	I	2	机构箱密封不良	3	
			IV	10	机构箱密封不良，箱内有积水		
		变形	I	2	机构箱有轻微变形	1	
			III	8	机构箱有较严重变形		
		机构箱锈蚀	IV	10	机构箱有严重锈蚀	2	
	二次元件	温湿度控制装置	II	4	温湿度控制器工作不正常，加热器不能正常启动，机构箱内有凝露现象	3	
			III	8	温湿度控制器不正常启动，机构箱内有凝露现象		
		其他二次元件	IV	10	接触器、继电器、辅助开关、限位开关、空气开关、切换开关等二次元件接触不良或切换不到位；控制回路的电阻、电容等零件损坏	4	
	端子排及二次电缆	端子排锈蚀	III	8	端子排有较严重锈蚀	2	
		二次电缆	III	8	绝缘层有变色、老化或损坏等	3	
	辅助及控制回路绝缘电阻		III	8	辅助及控制回路绝缘电阻低于2MΩ（采用500V或1000V绝缘电阻表测量）	3	
	密封件		II	4	密封件接近使用寿命	3	
			III	8	密封件超过使用寿命		
同厂、同型设备被通报的故障、缺陷信息			III	8	严重缺陷未整改的	2	
			IV	10	危急缺陷未整改的		

表 4-6 气动机构状态量扣分标准

部件	状态量		劣化程度级别	基本扣分	判断依据	权重系数	应扣分值（基本扣分×权重）
弹簧机构	操作次数		I	2	机械操作大于厂家规定次数的 50% 且少于厂家规定次数的 80%	4	
			II	4	机械操作大于厂家规定次数的 80% 且少于厂家规定次数		
			IV	10	机械操作大于厂家规定次数		
	分合闸线圈	操作电压	IV	10	分合闸脱扣器不满足下列要求：1）合闸脱扣器应能在其额定电压的 85%~110% 范围内可靠动作；2）分闸脱扣器应能在其额定电源电压 65%~110% 范围内可靠动作。当电源电压低至额定值的 30% 时不应脱扣	3	
		直流电阻	IV	10	直流电阻与出厂值或初始值得偏差超过 20%	3	
		分合闸线圈	IV	10	线圈引线断线或线圈烧坏	4	
	时间特性	分闸时间	IV	10	与初始值有明显偏差或不符合厂家要求	3	
		合闸时间	IV	10	与初始值有明显偏差或不符合厂家要求	3	
		合分时间	IV	10	与初始值有明显偏差或不符合厂家要求	3	
		相间合闸不同期	IV	10	相间合闸不同期大于 5ms	3	
		相间分闸不同期	IV	10	相间分闸不同期大于 3ms	3	
		同相各断口合闸不同期	IV	10	同相各断口合闸不同期大于 3ms	3	
		同相各断口分闸不同期	IV	10	同相各断口分闸不同期大于 2ms	3	
	储能电机	绝缘电阻	IV	10	储能电机绝缘电阻低于 0.5MΩ（采用 500V 或 1000V 绝缘电阻表测量）	3	
		锈蚀	III	8	储能电机外壳严重锈蚀	1	
		异响	II	4	储能电机有异响	3	
		损坏	IV	10	储能电机烧损或停转	4	
	三相不一致保护		III	10	三相不一致保护功能检查不正常或不符合技术文件要求	3	
	压力表		II	4	外观有损坏	3	
			IV	10	指示有异常	3	
	压力继电器		III	8	动作值异常	2	

续表

部件	状态量		劣化程度级别	基本扣分	判断依据	权重系数	应扣分值（基本扣分×权重）
弹簧机构	气动机构压力		II	4	气动机构24h内打压次数超过技术文件要求	4	
			III	8	气动机构24h内打压次数超过技术文件要求且有上升的趋势		
			IV	10	分闸闭锁、合闸闭锁动作		
	自动排污装置		III	8	自动排污装置失灵	3	
	压缩机		II	4	气动机构压缩机补压超时	3	
			IV	10	润滑油乳化		
	加热装置		II	4	加热装置损坏	3	
			IV	10	加热装置损坏，管路或阀体结冰		
	气水分离器		IV	10	不能正常工作	3	
	动作计数器		II	4	失灵	1	
	机构箱	密封	I	2	机构箱密封不良	3	
			IV	10	机构箱密封不良，箱内有积水		
		变形	I	2	机构箱有轻微变形	1	
			III	8	机构箱有较严重变形		
		机构箱锈蚀	IV	10	机构箱有严重锈蚀	2	
	二次元件	温湿度控制装置	II	4	温湿度控制器工作不正常，加热器不能正常启动，机构箱内有凝露现象	3	
			III	8	温湿度控制器不正常启动，机构箱内有凝露现象		
		其他二次元件	IV	10	接触器、继电器、辅助开关、限位开关、空气开关、切换开关等二次元件接触不良或切换不到位；控制回路的电阻、电容等零件损坏	4	
	端子排及二次电缆	端子排锈蚀	III	8	端子排有较严重锈蚀	2	
		二次电缆	III	8	绝缘层有变色、老化或损坏等	4	
	辅助及控制回路绝缘电阻		III	8	辅助及控制回路绝缘电阻低于2MΩ（采用500V或1000V绝缘电阻表测量）	3	
	密封件		II	4	密封件接近使用寿命	3	
			III	8	密封件超过使用寿命		
同厂、同型设备被通报的故障、缺陷信息			III	8	严重缺陷未整改的	2	
			IV	10	危急缺陷未整改的		

表 4-7　并联电容器状态量扣分标准

部件	状态量		劣化程度级别	基本扣分	判断依据	权重系数	应扣分值（基本扣分 × 权重）
并联电容器	瓷套	瓷套污秽	Ⅱ	4	瓷套外表有明显污秽	3	
			Ⅳ	10	瓷套外表有严重污秽		
		瓷套破损	Ⅰ	2	瓷套有轻微破损	3	
			Ⅱ	4	瓷套有较严重破损，但破损部位不影响短期运行		
			Ⅳ	10	瓷套有严重破损或裂纹		
		瓷套放电	Ⅰ	2	瓷套外表面有轻微放电或轻微电晕	3	
			Ⅳ	10	瓷套外表面有明显放电或较严重电晕		
	电容器本体	电容器渗漏油	Ⅰ	2	电容器有轻微渗油痕迹	4	
			Ⅲ	8	电容器有较严重渗油痕迹		
		电容量	Ⅱ	4	电容器初始值有明显变化但不超过 ±5%	2	
		介损	Ⅱ	4	介质损耗因数：10kV 电压下，膜纸复合绝缘及全膜绝缘 <0.0025，油纸绝缘 <0.005，但和上次试验值比较有明显变化	3	
			Ⅳ	10	介质损耗因数：10kV 电压下，膜纸复合绝缘及全膜绝缘 >0.0025，油纸绝缘 >0.005		
同厂、同型设备被通报的故障、缺陷信息			Ⅲ	8	严重缺陷未整改的	2	
			Ⅳ	10	危急缺陷未整改的		

表 4-8　合闸电阻状态量扣分标准

部件	状态量		劣化程度级别	基本扣分	判断依据	权重系数	应扣分值（基本扣分 × 权重）
并联电容器	瓷套	瓷套污秽	Ⅱ	4	瓷套外表有明显污秽	3	
			Ⅳ	10	瓷套外表有严重污秽		
		瓷套破损	Ⅰ	2	瓷套有轻微破损	3	
			Ⅱ	4	瓷套有较严重破损，但破损部位不影响短期运行		
			Ⅳ	10	瓷套有严重破损或裂纹		
		瓷套放电	Ⅰ	2	瓷套外表面有轻微放电或轻微电晕	3	
			Ⅳ	10	瓷套外表面有明显放电或较严重电晕		
	合闸电阻值		Ⅱ	4	阻值和上次实验值比较有明显变化但不大于 ±5%	3	
同厂、同型设备被通报的故障、缺陷信息			Ⅲ	8	严重缺陷未整改的	2	
			Ⅳ	10	危急缺陷未整改的		

注：各单位可根据实际情况和运行经验对状态量重要性进行适当调整。

4.4.2 整体状态评价

断路器整体状态评价应综合其部件的评价结果。当所有部件评价为正常状态时，整体评价为正常状态；当任一部件状态为注意状态、异常状态或严重状态时，整体评价应为其中最严重的状态。

4.5 异常处置

4.5.1 处理原则

（1）有下列情况之一，应报告调度并采取措施退出运行：

1）引线接头过热；

2）多油断路器内部有爆裂声；

3）套管有严重破损和放电现象；

4）油断路器严重漏油，看不见油位；

5）少油断路器灭弧室冒烟或内部有异常声响；

6）空气、液压机构失压，弹簧机构储能弹簧损坏；

7）SF_6 断路器本体严重漏气，发出操作闭锁信号；

8）油断路器的油箱内有异声或放电声，线卡、接头过热。

（2）SF_6 气体压力突然降低，发出分、合闸闭锁信号时，严禁对该断路器进行操作；进入开关室内应提前开启排风设备，必要时应佩戴防毒面具。

（3）真空断路器合闸送电时，发生弹跳现象应停止操作，不得强行试送。

（4）当断路器所配液压机构打压频繁或突然失压时应申请停电处理，必须带电处理时，在未采取可靠防慢分措施前，严禁人为启动油泵。

4.5.2 处置方案

本方案是以厦门柔直工程鹭岛 ±320kV 换流站为例。

4.5.2.1 事件特征

OWS 系统显示：#B Px.WN.NBS #E SF_6 气压低闭锁信号出现，#B Px.WN.NBS #E 低油压分闸闭锁信号出现。

4.5.2.2 现场应急处置流程

顺序	处置步骤	执行
1	到 OWS 后台气体密度监测画面查看极 I 中性线 0010 开关密度继电器压力。比对 NBS 压力 1 与压力 2，确认为误报	
2	上报 PMS 严重缺陷，通知检修团队检查极 I 中性线 0010 开关 SF_6 信号回路	

续表

顺序	处置步骤	执行
3	如果后台检查 SF$_6$ 压力低于 0.50MPa，且压力下降很快	
4.1	向省调汇报极 I 中性线 0010 开关气压低闭锁，并申请将直流双极停运	
4.2	向柔直站领导及值班组汇报	
4.3	立即开启 SF$_6$ 排风机进行通风，并进站进行检查处理	
4.4	在 PMS 系统上报危及缺陷	
5	根据调度指令停运直流双极转冷备用，先停运极 II，后停运极 I	
6	双极转检修后，履行解锁手续，对 00101、00102 刀闸进行微机防误系统解锁、电气回路解锁；LOC 屏上解锁操作断开 00101、00102 刀闸，将 0010 开关转检修。进入极 I 直流场前要确认 SF$_6$ 及 O$_2$ 含量正常	
7	准备极 II 恢复送电工作（根据需要）	
7.1	检查极 II 阀厅、桥臂电抗器室、直流场的暖通机组，确保暖通系统可用。检查确认极 II 阀厅保持 5~10Pa 的微正压，湿度在 75% 以下	
7.2	检查消防系统，特别是极 II 阀厅消防系统正常，紫外探测器、极早期烟雾探测器正常，无告警信号；检查桥壁电抗器室、直流场消防系统正常，无影响送电的缺陷；检查 OWS 后台消防压板已投入	
7.3	检查 OWS 后台无异常信号，极 II 直流场无人	
7.4	检查 #2 换流变冷却器确已开启，运转正常	
7.5	根据调度指令将极 II 直流系统恢复单极金属回线运行	
8	运维值班室值班人员短信告知相关领导	
9	运维班值班负责人做好有关记录	

第5章　隔离开关

5.1　设备简介

隔离开关是一种设有专门灭弧装置的开关设备。它在分闸状态有明显可见的断口，在电路中起隔离作用的；在合闸状态，能可靠地通过正常工作电流，并能在规定的时间内承载故障短路电流和承受相应点动力的冲击。高压隔离开关不得用以拉合负荷电流和故障电流。

5.2　运行规定

隔离开关导电回路长期工作温度不宜超过 80℃。

用隔离开关可以进行如下操作：

（1）拉、合系统无接地故障的消弧线圈；

（2）拉、合无故障的电压互感器、避雷器或空载母线；

（3）拉、合系统无接地故障的变压器中性点的接地开关；

（4）拉、合与运行断路器并联的旁路电流；

（5）拉、合空载站用变压器；

（6）拉、合 110kV 及以下且电流不超过 2A 的空载变压器和充电电流不超过 5A 的空载线路，但当电压在 20kV 以上时，应使用户外垂直分合式三联隔离开关；

（7）拉、合电压在 10kV 及以下时，电流小于 70A 的环路均衡电流。

5.3　巡视检查

换流变区域设备现场巡视时检查，其余设备通过视频系统检查。

5.3.1 例行巡视

（1）盘面检查：OWS 上中央报警系统无异常报警。

（2）图像/外观检查：刀闸、接地刀闸位置指示与运行方式匹配，外观无异常，绝缘子外表面无裂纹、无闪络放电、无严重积灰；引线无发黑，构架、基础和外表面无损伤，金属件无影响设备运行的锈蚀，构架及机构上无鸟巢、蜂巢。

（3）声音检查：刀闸、接地刀闸无振动声响和异常放电（直流设备须结合停电开展）。

（4）密封检查：机构箱门关闭并密封良好，箱内孔洞封堵严密。

（5）器件检查：传动部件、机械指示工作状态工作正常，控制箱内照明正常，加热器、温湿度控制器、接触器、继电器等二次器件无异常情况。

5.3.2 全面巡视

（1）外观检查：①刀闸、接地刀闸操作箱内清洁，无杂物，号牌摆放整齐；②设备编号、二次标示齐全、清晰、无损坏。

（2）盘面检查："近控/远控"切换把手在远控位置。

（3）污秽检查：刀闸、接地刀闸支柱绝缘子无破损、裂纹、污秽现象。

（4）防误检查：设备防误标识正确齐全、清晰、无损坏（直流设备须结合停电开展）。

（5）电源检查：刀闸、接地刀闸操作箱内各电机电源开关、加热器开关在合上位置（直流设备须结合停电开展）。

（6）防潮检查：刀闸、接地刀闸操作箱内加热器、温控器正常投入（直流设备须结合停电开展）。

（7）接地检查：刀闸、接地刀闸构架及操作箱接地连接良好。

（8）红外测温：利用红外测温仪或红外监测视频检查刀闸动触头与静触头、跳线接触头无过热现象。

（9）密封检查：机构箱门关闭并密封良好，箱内孔洞封堵严密（直流设备须结合停电开展）。

（10）器件检查：检查传动部件、机械指示工作状态工作正常，控制箱内照明正常，加热器、温湿度控制器、接触器、继电器等二次器件无异常情况。触头无发黑等无异常情况（直流设备须结合停电开展）。

5.4 状态评价

5.4.1 评价方法

交流/直流隔离开关和接地开关的状态的评价应同时考虑各状态量单项的扣分情况和本开关合计的扣分情况，然后评定为正常、注意、异常或严重状态，评定标准见表5-1。

表 5-1　交流／直流隔离开关和接地开关状态评定标准

正常状态	注意状态 （以下任一满足）		异常装填	严重状态
合计扣分值	合计扣分值	单项扣分值	单项扣分值	单项扣分值
< 30	≥ 30	12~16	20~24	≥ 30

当出现下列情况时，该设备也应评价为严重状态：

（1）累计机械操作次数达到制造厂规定值；

（2）发生拒分、合现象，或自行误分合，或接地开关拉不开；

（3）出线座卡死或不能操作；

（4）操作时可动部件卡死或不能操作；

（5）操作连杆断裂或脱落；

（6）机械闭锁失灵。

5.4.2　状态量扣分标准

交流／直流隔离开关和接地开关状态量扣分标准见表 5-2。

当状态量（尤其是多个状态量）变化，且不能确定其变化原因或具体部件时，应进行分析诊断，判断状态量异常测原因，确定扣分部件及扣分值。经过诊断仍无法确定状态量异常原因时，应根据最严重情况确定扣分部件及扣分值。

表 5-2　交流／直流隔离开关和接地开关状态量扣分标准

序号	状态量		劣化程度	基本扣分	判断依据	权重系数	扣分值（基本扣分 × 权重）
	分类	状态量名称					
1	家族缺陷	同厂、同型设备当年被通报的故障信息	Ⅱ	4	一般缺陷未整改	2	
			Ⅳ	10	严重缺陷未整改		
2	外绝缘水平	爬电比距	Ⅳ	10	不满足最新污秽等级要求且没有采取防污闪措施	3	
		爬电系数	Ⅳ	10	不满足要求		
3	运行巡检	导电回路放电	Ⅲ	8	出现异常放电声	2	
4		累计机械操作次数	Ⅳ	10	超过制造厂规定值	4	
5		瓷柱污染	Ⅱ	4	瓷柱外表有明显污秽	3	
			Ⅳ	10	瓷柱外表有严重污秽		

续表

序号	状态量		劣化程度	基本扣分	判断依据	权重系数	扣分值（基本扣分 × 权重）
	分类	状态量名称					
6		瓷柱破损	I	2	瓷柱有轻微破损	3	
			II	4	瓷柱有较严重破损，但破损位不影响短期运行		
			IV	10	瓷柱有较严重破损或裂纹		
7		瓷柱放电	I	2	瓷柱外表有轻微放电或轻微电晕	3	
			IV	10	瓷柱外表有明显或较严重电晕		
8		导电回路	II	4	导电出现腐蚀现象	3	
9		一次接线端子	III	8	出现破损或裂纹	3	
10		传动部件	III	8	分合闸不到位，存在卡涩现象	2	
			III	8	出现裂纹、紧固件松动等现象		
11		机构箱密封	I	2	密封不良	3	
			IV	10	密封不良，箱内有积水		
12	运行巡检	基础及支架	基础破损	IV	10	基础有严重破损或开裂	1	
			基础下沉	III	8	基础有轻微下沉或倾斜	4	
				IV	10	基础有轻微下沉或倾斜，影响设备安全运行		
			支架锈蚀	IV	10	支架有严重锈蚀	1	
			支架松动	IV	10	支架有松动或变形	3	
13		红外热像检测	III	8	90℃≤触头及设备线夹等部位温度≤130℃，或80%≤相对温差<95%	4	
			IV	10	触头及设备线夹等部位（热点）温度>130℃，或相对温差≥95%且热点温度>90℃		
14		加热器、动作计数器、机械指示状态	I	2	不能投入或失灵	1	
15		均压环	IV	10	严重锈蚀、变形、破损	2	
16		软接线	I	2	连接断片或松股小于5%	2	
			II	4	连接断片或松股超过5%，但小于20%		
17		设备标牌	II	4	设备编号标识不齐全或模糊不能辨识	1	
18		其他	I	2		1	

续表

序号	状态量		劣化程度	基本扣分	判断依据	权重系数	扣分值（基本扣分 × 权重）
	分类	状态量名称					
19	检修试验	二次回路绝缘电阻	II	4	二次回路绝缘电阻低于2MΩ	3	
20		导电回路电阻测量	I	2	为制造厂规定值的1.2~1.5倍或与历史数据比较有明显增加	3	
			II	4	为制造厂规定值的1.5~3.0倍		
			III	8	超过制造厂规定值的3.0倍		
21		辅助开关	II	4	出现卡涩或接触不良	3	
			III	8	切换不到位		
22		分、合闸操作状况	IV	10	分合不到位	4	
			I	2	三相通气性不满足要求	4	
			II	4	电动操作失灵	4	
			I	2	机构电动机出现异常声响现象	4	
23		超声波探伤	II	4	瓷柱内存在裂纹长度小于5mm	4	
			IV	10	瓷柱内存在裂纹长度大于5mm	4	
24		机械连锁和传动	IV	10	机械连锁性能不可靠；机械传动分合不到位	4	
25		其他	I	2			

5.5 异常处置

5.5.1 处理原则

隔离开关异常及故障处理参照 DL/T 969—2005《变电站运行导则》6.9.3 要求执行。

隔离开关或接地刀闸因联锁条件不满足发生拒动时，还应采取以下措施：

（1）如果该隔离开关或接地刀闸联锁条件中满足允许合闸或分闸的条件，检查就地操作机构中电源开关是否合上，控制模式是否已切至远方，检查完毕后顺控仍然不能继续进行，经值长同意后现场就地分合该隔离开关或接地刀闸；

（2）如果该隔离开关或接地刀闸联锁条件中不满足允许合闸或分闸的条件，检查原因直至联锁条件满足为止，如果联锁条件不满足而又确实需要分合该隔离开关或接地刀闸，必须经得总工或以上领导同意才可以解联锁就地操作；

（3）如果联锁条件满足而且就地分合不成功，应汇报调度及相关领导，申请调度将故障点隔离，并通知检修人员处理；

（4）检查该隔离开关或接地刀闸的联锁条件是否满足。

5.5.2　紧急停运规定

刀闸（接地刀闸）在运行中发生下列情况之一者，应立即汇报省调，申请①降功率运行，②停运相应极，并通知检修处理。

（1）瓷瓶破损、断裂或严重放电；

（2）触头、接点、线夹过热、发红变黑和热气流等异常现象；

（3）本体、连杆和转轴等机械部分有开焊、变形、松动脱落。

5.5.3　故障现象及处理方法

5.5.3.1　刀闸接头发热故障

故障现象：本体某部分温度超范围且有升高趋势。

分析处理：

（1）若本体某部分温度超范围应加强监视，尽量减少负荷。

（2）如发现过热，应该迅速减少负荷或倒换运行方式，停用相应极，将该刀闸转检修。

5.5.3.2　刀闸／接地刀闸操作不到位故障

故障现象：分、合闸不到位，或动作缓慢。

分析处理：

（1）若隔离开关／接地刀闸合不到位，试分合一次；

（2）若试分合不成功，应汇报省调和相关领导，上报紧急缺陷，通知检修处理；

（3）若隔离开关／接地刀闸无法拉开，应汇报省调和相关领导（或总工），上报紧急缺陷，通知检修处理。

第❻章 避雷接地装置

6.1 设备简介

6.1.1 避雷原理

雷电对电气设备的威胁可以分为直接雷以及感应雷，直击雷通常是指在雷雨天气是，雷击对电气设备直接放电所造成的伤害，而感应雷则是在输电线路上由于雷击感应而形成的过电压现象，这种雷电压会沿着输电线路一直运动到整个电力系统中所有的母线上，并对母线沿线所有连接的电气设备造成破坏。在雷电防护方向，对应着两种威胁，分别采用不同的防护措施，对于直接雷的防护则是采用避雷针来防护，通过将雷电引入大地来避免雷电直接击于电气设备，从而达到保护电气设备的目的。而对于感应雷电波则采用在母线上装设避雷器来限制雷电波入侵到各种电气设备中，达到保护电气设备的目的。

6.1.2 避雷设施的特性

在电力系统中，为了工作和安全的需要，将电力系统及其电气设备的某些部分与大地相连接，就是接地。目的是当其遇到雷电流或者是故障电流时，能够提供泄流通道，从而使系统的电位保持稳定，从而使得电力系统运行和故障时能保证电气装置和人身的安全。变电站通常通过避雷针，避雷器以及接地网三者的配合，实现对变电站内设备以及人员的防雷保护功能。

在考虑避雷器型号的选择时，作为设计人员应该全面综合考虑被保护电气设备的绝缘水平以及该电气设备的使用特点之后，再慎重进行选择。由于氧化锌避雷器的非线性伏安特性具有明显优于碳化硅避雷器，同时，鉴于其无串联间隙、无工频续流、灭弧能力及其优秀以及良好的保护特性，因此目前变电站内大多采用氧化锌避雷器。

6.1.3 接地系统的功能特性

变电站接地系统按照功能进行分类，可分为：工作接地、保护接地、雷电保护接地、防静电保护接地。

（1）工作接地：也称系统接地，是指为了电力系统安全运行需要而设的电气装置接地，变电站一般采用变压器中性点直接接地或者经小电阻（消弧线圈）接地的方式。

（2）保护接地：也称安全接地，是指为防止电气设备的绝缘损坏而在电气设备的底座、配电装置的构架、杆塔等部位设置的接地。当电力系统遭受雷电冲击作用时，会有很大的、幅值可达数十至数百 kA，持续时间为几十 μs 的雷电流流过接地装置。

（3）雷电保护接地：是指为了避免雷电冲击波的破坏，在变电站内设置的避雷针、避雷器和避雷线，可将雷电流泄入大地中，避免雷电冲击对电力系统及设备和电网运行人员的安全构成威胁。

（4）防静电保护接地：是指为了防止静电对天然气管道、易燃油等危险设施造成影响而设的接地装置。

一个可靠的接地系统能够同时发挥上述四个功能。埋入地中的接地体和地上部分的接地体都是系统的一部分，包括地面上的接地网引下线和埋入地中的接地网。其中接地网是电力接地系统的主要构成部分，与接地引下线相比，更加难以检查维护，难以检修，应当从设计和施工时就考虑该特性，提高接地网的可靠性、鲁棒性。

6.2　运行规定

（1）应定期对设备接地装置进行检查测试，满足动、热稳定与接地电阻要求。

（2）雷雨季节到来前，应完成预防性试验。

（3）35kV 及以上氧化锌避雷器应定期测量并记录泄漏电流，检查放电动作情况。

（4）变压器中性点应装有两个与地网不同处相连的接地引下线，重要设备及设备构架等宜有两根与主地网不同地点相连的接地引下线，每根接地引下线应符合热稳定要求，连接引线应便于定期进行检查测试。

6.3　巡视检查

6.3.1　一般原则

（1）接地引下线无锈蚀、无脱焊。

（2）避雷器一次连接良好，接头牢固，接地可靠。

（3）内部无放电响声，放电计数器和泄漏电流监测仪指示无异常，并比较前后数据变化。

（4）避雷器外绝缘应清洁完整，无裂纹和放电、电晕及闪络痕迹，法兰无裂纹、锈蚀、进水。

（5）遇有雷雨、大风、冰雹等特殊天气，应及时进行下列检查：

1）引线摆动情况；

2）计数器动作情况；

3）计数器内部是否进水；

4）接地线有无烧断或开焊；

5）避雷器、放电间隙覆冰情况。

6.3.2 例行巡视

（1）盘面检查：查看中央报警系统无异常报警，在线监测泄漏电流指示值无明显变化。

（2）图像/外观检查：检查本体瓷套无裂纹，法兰无裂纹、破损，均压环无错位和歪斜，高压引线及接地引下线连接可靠、无锈蚀情况，查看避雷器放电计数器指示数值，在线监测泄漏电流表、放电计数器内部无进水、受潮。

（3）声音检查：本体运行声音正常。

6.3.3 全面巡视

（1）数据检查：避雷器动作次数和泄漏电流。

（2）污秽检查：支柱瓷瓶无破损、无裂纹、无污秽现象。

（3）接地检查：避雷器接地良好。

（4）红外测温：检查设备接头发热情况。

6.4 状态评价

6.4.1 评价方法

交流/直流避雷器的状态的评价应同时考虑各状态量单项的扣分情况和本装置合计的扣分情况，然后评定为正常、注意、异常或严重状态，评定标准见表6-1。

表6-1 交流/直流避雷器状态评定标准

正常状态（以下同时满足）		注意状态（以下任一满足）		异常装填	严重状态
合计扣分值	单项扣分值	合计扣分值	单项扣分值	单项扣分值	单项扣分值
≤ 30	< 12	> 30	12~16	20~24	≥ 30

6.4.2 状态量扣分标准

交流/直流避雷器的状态评价以相为单位，各状态量的权重及扣分标准见表6-2。

表 6-2 交流 / 直流避雷器状态量扣分标准

序号	状态量 分类	状态量 状态量名称		劣化程度	基本扣分	判断依据	权重系数	扣分值（基本扣分 × 权重）
1	家族缺陷	同厂、同型设备当年被通报的故障、缺陷信息		II	4	一般缺陷未整改	2	
				IV	10	严重缺陷未整改		
2	运行巡检	密封		II	4	密封件接近使用寿命	4	
				III	8	密封件超过使用寿命		
3		本体锈蚀		II	4	外观连接法兰、连接螺栓有较严重的锈蚀或油漆脱落现象	1	
4		外绝缘防污水平		II	4	外绝缘爬电距不满足所在地区污秽程度要求且未采取措施	3	
5		在线监测泄漏电流表指示值		II	4	交流泄漏电流指示值纵横比增大 20%	3	
				III	8	交流泄漏电流指示值纵横比增大 40%		
				IV	10	交流泄漏电流指示值纵横比增大 100%		
6		外套和法兰结合情况		IV	10	外套和法兰结合情况不良	4	
7		在线监测泄漏电流表状况		II	4	进水受潮；玻璃盖板开裂；指示不准；指针卡涩	3	
8		本体外绝缘表面情况		I	2	硅橡胶憎水性能异常	2	
				II	4	外绝缘破损		
9		连接端子及引流线温升		II	4	温差不超过 5K	2	
				IV	10	热点温度 ≥ 80℃或相对温差 ≥ 80%		
10		均压环外观		III	8	均压环外观有严重锈蚀、变形或破损	2	
11		引线、接地引下线锈蚀情况		II	4	锈蚀严重	2	
12		其他		I	2			
13	试验	直流参考电压及泄漏电流	直流 1mA 电压 U_{1mA}	II	4	U_{1mA} 实测值与制造厂规定值相比变化较明显，大于 3%	3	
				III	8	U_{1mA} 初值差超过 5% 且高于 GB11032 规定值		
			0.75U_{1mA} 下的泄漏电流	II	4	0.75U_{1mA} 下泄漏电流超过 40μA	3	
				III	8	0.75U_{1mA} 漏电流初值差＞ 30% 或＞ 50μA		
14		运行电压下交流泄漏电流阻性分量	阻性电流	II	4	测量值与初始值比较，增加 30%	3	
				III	8	测量值与初始值比较，增加 50%		
				IV	10	测量值与初始值比较，增加 1 倍		
15		底座绝缘电阻	底座绝缘电阻值	II	4	测量值＜ 10MΩ	3	
16		红外热像检测		II	4	温差＜ 0.5K	4	
				III	8	0.5K ≤温差≤ 1K		
				IV	10	温差＞ 1K		
17		放电计数器功能检查		II	4	功能异常	2	

6.5 异常处置

6.5.1 紧急停运规定

（1）避雷器瓷瓶破裂。

（2）瓷外套出现明显的爬电流或桥络。

（3）均压环严重歪斜，引流线即将脱落，与避雷器连接处出现严重的放电现象。

（4）接地引线严重腐蚀或与地网完全脱开。

（5）绝缘基座出现贯穿性裂纹。

（6）密封结构金属件破裂。

6.5.2 故障现象及处理方法

6.5.2.1 瓷瓶破损或放电故障

故障现象：外观有破损或严重放电现象。

分析处理：

（1）汇报省调及相关领导，向调度申请停运相关设备并转检修；

（2）上报紧急缺陷，联系检修人员处理。

6.5.2.2 泄漏电流无指示故障

故障现象：泄漏电流表指示为 0。

分析处理：

（1）现场检查泄漏电流表，确认是否表计损坏引起；

（2）若是阀厅内无法进入检查，不能确认原因的，应汇报省调及相关领导，向省调申请将相应极停运，检查处理；

（3）上报紧急缺陷，联系检修人员处理。

第7章 电压、电流互感器

7.1 设备简介

7.1.1 电流互感器及电流测量装置

直流电子式电流互感器及电流测量装置利用分流器传感直流电流,利用基于激光供能技术的远端模块就地采集信号,利用光纤传送信号,利用复合绝缘子保证绝缘。它绝缘结构简单可靠,体积小,重量轻,线性度好,动态范围大,可实现对高压直流电流及谐波电流的同时监测。有悬挂式及支柱式两种结构形态。

该装置主要由四部分组成,如图7-1所示,包含有:

(1)一次传感头,由分流器及一次导体等部件构成,分流器用于传感直流电流,其额定输出信号为75mV。

(2)远端模块,也称一次转换器,用于接收并处理分流器的输出信号。远端模块的输出为串行数字光信号。远端模块的工作电源由位于控制室的合并单元内的激光器提供。

(3)光纤绝缘子,绝缘子为内嵌光纤的复合绝缘子。绝缘子内嵌24根62.5/125μm的多模光纤,光纤绝缘子高压端数据光纤以ST接头与远端模块对接,功率光纤以FC接头与远端模块对接,低压端光纤以熔接的方式与传输光缆对接,传输光缆为铠装多模光缆。

(4)合并单元,合并单元置于控制室,合并单元一方面为远端模块提供供能激光,另一方面接收并处理远端模块下发的数据,并将测量数据按规定协议(TDM或IEC60044-8)输出数字量信号供二次设备使用。

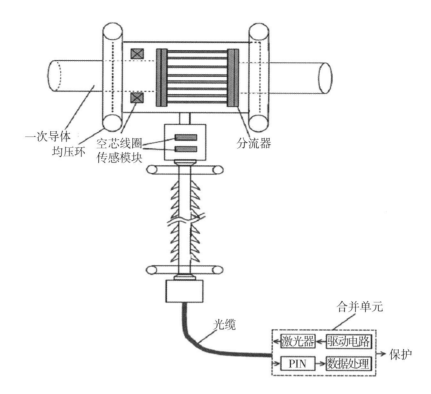

图 7-1 PCS-9250-EACD 直流电子式电流互感器及电流测量装置结构示意图

7.1.2 电压互感器及电压测量装置

电压互感器及电压测量装置分为直流分压器和交流电压互感器或电压测量装置。

直流分压器为具有电容补偿的电阻分压器，包括高压臂、低压臂、远端模块、控制室内电子测量设备及连接光缆组成。直流分压器是用于电力系统及电气、电子设备制造部门测量工频交流高电压和直流高电压的仪器，其具有以下特点：

（1）精度高。

（2）安全可靠：直流分压器是由高压测量部分和低压显示仪表构成，工作时高压部分和低压仪表分开，工作安全可靠。

（3）读数方便：直流分压器的高压分压器上端均压罩为高压端，可直接接入被测高压，下端有专用接地端，供接地使用。用专用电缆连接高压分压器和低压显示仪表，并选择相应的电压和量限即可开始测量，读数即为 kV 数。

（4）携带方便：直流分压器系便携式结构，整机用铝合金包装箱作机壳，使用、携带十分方便。

7.2 运行规定

（1）电压互感器二次侧严禁短路，电流互感器二次侧严禁开路，备用的二次绕组应短路接地，电容型绝缘的电流互感器末屏、电容式电压互感器未接通信结合设备的端子均应可靠接地。

（2）中性点非有效接地系统，电压互感器一次中性点应接地，为防止谐振过电压，宜在一次中性点或二次回路装设消谐装置。

（3）35kV及以下的电压互感器一次侧熔断器熔断时，应查明原因，不得擅自增大熔断器容量。

（4）停用电压互感器前应注意下列事项：

1）防止继电保护和安全稳定自动装置发生误动；

2）将二次回路主熔断器或自动开关断开，防止电压反送。

（5）新更换或检修后互感器投运前，应进行下列检查：

1）检查一、二次接线相序、极性是否正确；

2）测量一、二次线圈绝缘电阻；

3）测量保险器、消谐装置是否良好；

4）检查二次回路有无开路或短路；

5）零序电流互感器铁芯不应与架构或其他导磁体直接接触；

（6）若保护与测量共用一个电流互感器二次绕组，当在表计回路工作时，应先将表计回路端子短接，防止开路或误将保护装置退出。

（7）分别接在两段母线上的电压互感器，二次侧并列前应先将一次侧并列。

（8）停运一年及以上的互感器应按DL/T 596—1996《电力设备预防性试验规程》试验检查合格后，方可投运。

7.3　巡视检查

7.3.1　一般原则

（1）外绝缘表面清洁，无裂纹及放电痕迹。

（2）油位、油色、SF_6气体压力正常，呼吸器畅通，吸潮剂无潮解变色。

（3）无异常震动、异常响声及异味，外壳、阀门和法兰无渗漏油、气。

（4）二次引线接触良好，接头无过热，温度正常，接地可靠。

（5）底座、支架牢固，无倾斜变形，金属部分无严重锈蚀。

（6）防爆阀、膨胀器无渗漏油或异常变形。

（7）干式互感器表面无裂纹和明显的老化、受潮现象。

7.3.2　电流互感器巡视

7.3.2.1　例行巡视

（1）盘面检查：查看中央报警系统无异常报警，检查二次电流变化量处正常范围内。

（2）工业电视/现场检查：查看直流电流互感器高压引线连接正常，支柱瓷瓶表面无异物、电蚀或破损，引流线无异常，测量电缆、光纤等外观无机械损伤，整个设备无异常声响或放电声，伞裙没有任何破损，无影响设备运行的障碍物、附着物等。

（3）声音检查：互感器运行声音正常。

（4）密封检查：互感器接线盒封闭良好，端子箱内孔洞封堵严密、无受潮，引线端子无松动、过热、打火现象。

（5）接地检查：接地引下线无松动、脱落，端子箱接地连接良好。

7.3.2.2 全面巡视

（1）污秽检查：支柱瓷瓶无破损、无裂纹、无污秽现象。

（2）防潮检查：互感器端子箱内加热器投入正常，无凝结水现象。

（3）器件检查：互感器端子箱外观清洁，箱内清洁无杂物，二次端子无脱落，号牌摆放整齐；互感器端子箱内接线无发霉、锈蚀、焦煳现象。

（4）红外测温：检查设备接头发热情况。

7.3.3 电压互感器巡视

7.3.3.1 例行巡视

（1）盘面检查：查看中央报警系统无异常报警，检查二次电流变化量处正常范围内。

（2）工业电视/现场检查：查看外观无异常，检查支柱瓷瓶表面无异物、电蚀或破损，引流线无异常，本体无渗、漏气情况。

（3）声音检查：互感器运行声音正常。

（4）数据检查：压力表计在允许范围。

（5）密封检查：互感器接线盒封闭良好，端子箱内孔洞封堵严密。

（6）接地检查：接地引下线无松动、脱落，端子箱接地连接良好。

7.3.3.2 全面巡视

（1）污秽检查：支柱瓷瓶无破损、无裂纹、无污秽现象。

（2）防潮检查：互感器端子箱内加热器投入正常，无凝结水现象。

（3）器件检查：互感器端子箱外观清洁，箱内清洁无杂物，二次端子无脱落，号牌摆放整齐；互感器端子箱内接线无发霉、锈蚀、焦煳现象。

（4）红外测温：检查设备接头发热情况。

7.4 状态评价

7.4.1 电容式电压互感器状态评价

7.4.1.1 评价方法

状态的评价应同时考虑各状态量单项的扣分情况和本装置合计的扣分情况,然后评定为正常、注意、异常或严重状态，评定标准见表 7-1。

表 7-1　电容式电压互感器状态评定标准

正常状态（以下同时满足）		注意状态（以下任一满足）		异常装填	严重状态
合计扣分值	单项扣分值	合计扣分值	单项扣分值	单项扣分值	单项扣分值
≤ 30	< 12	> 30	12~16	20~24	≥ 30

7.4.1.2 状态量扣分标准

电容式电压互感器以相为单位进行状态评价，各状态量的权重及扣分标准见表 7-2。

表 7-2　电容式电压互感器状态量扣分标准

序号	状态量		劣化程度	基本扣分	判断依据	权重系数	扣分值（基本扣分 × 权重）
	分类	状态量名称					
1	家族缺陷	同厂、同型设备当年被通报的故障信息	Ⅱ	4	一般缺陷未整改	2	
			Ⅳ	10	严重缺陷未整改	2	
2	运行巡检	密封性	Ⅲ	8	电容器渗油	3	
			Ⅳ	10	电容器漏油	3	
			Ⅰ	2	中间变压器渗油	3	
			Ⅱ	4	中间变压器漏油	3	
3		本体温升	Ⅱ	4	相间温差大于 3K	2	
4		外绝缘防污闪水平	Ⅱ	4	外绝缘爬距不满足所在地区污秽程度要求且未采取措施	3	
5		异常声响	Ⅰ	2	互感器内部有放电等异常声响	2	
6		本体外绝缘表面情况	Ⅰ	2	硅橡胶憎水性能异常	2	
			Ⅱ	4	外绝缘破损	2	
7		膨胀器、底座、二次接线盒锈蚀情况	Ⅱ	4	锈蚀严重	1	
8		中间变压器的油位	Ⅱ	4	油位不正常	3	

续表

序号	状态量		劣化程度	基本扣分	判断依据	权重系数	扣分值（基本扣分×权重）
	分类	状态量名称					
9	运行巡检	连接端子及引流线温升	II	4	相间温差大于 15K	2	
			III	8	热点温度＞ 80℃	2	
10		引流线、接地引下线锈蚀情况	II	4	锈蚀严重	2	
11		其他	I	2			
12	试验	电容器极间绝缘电阻	II	4	低于 5000MΩ	2	
13		中间变压器二次绕组绝缘电阻	II	4	低于 10MΩ	2	
14		电容分压器介质损耗因数	II	4	tanδ 大于：油纸绝缘 0.005；膜纸绝缘 0.0025	4	
15		电容分压器电容量	III	8	主绝缘电容量初值超过 ±2%	3	
16		二次电压变化量	II	4	二次开口三角电压 3U_0 大于 1.5V	3	
17		二次绕组精度	II	4	不满足计量要求	3	
18		二次绕组容量	II	4	不满足计量要求	3	
19		其他	I	2			

7.4.2 电流互感器的状态评价

7.4.2.1 评价方法

状态的评价应同时考虑各状态量单项的扣分情况和本装置合计的扣分情况，然后评定为正常、注意、异常或严重状态，评定标准见表 7-3。

表 7-3 电流互感器状态评定标准

正常状态（以下同时满足）		注意状态（以下任一满足）		异常装填	严重状态
合计扣分值	单项扣分值	合计扣分值	单项扣分值	单项扣分值	单项扣分值
≤ 30	＜ 12	＞ 30	12~16	20~24	≥ 30

7.4.2.2 状态量扣分标准

电流互感器以相为单位进行状态评价，各状态量的权重及扣分标准见表 7-4。

表 7-4　电流互感器状态量扣分标准

序号	状态量		劣化程度	基本扣分	判断依据	权重系数	扣分值（基本扣分×权重）
	分类	状态量名称					
1	家族缺陷	同厂、同型设备当年被通报的故障信息	II	4	一般缺陷未整改	2	
			IV	10	严重缺陷未整改	2	
2	运行巡检	密封性	I	2	油浸式电流互感器渗油	3	
			II	4	油浸式电流互感器渗油	3	
			III	8	SF₆气体年漏气率大于1%	3	
3		本体温升	II	4	相间温差大于3K	2	
			III	8	热点温度大于55℃	2	
4		外绝缘防污闪水平	II	4	外绝缘爬距不满足所在地区污秽程度要求且未采取措施	3	
5		异常声响	III	8	互感器内部有放电等异常声响	3	
6		本体外绝缘表面情况	I	2	硅橡胶憎水性能异常	2	
			II	4	外绝缘破损	2	
7		膨胀器、底座、二次接线盒锈蚀情况	II	4	锈蚀严重	1	
8		油位	II	4	油位不正常	3	
9		连接端子及引流线温升	II	4	相间温差大于15K	2	
			III	8	热点温度大于90℃	2	
10		引流线、接地引下线锈蚀情况	II	4	锈蚀严重	2	
11		SF₆气体压力	III	8	SF₆气体压力低报警	4	
			II	4	SF₆气体压力异常	4	
12		其他	I	2			
13	检修试验	绕组绝缘电阻	II	4	初值差大于−50%（小于3000MΩ时）	2	
14		主绝缘介质损耗因数	II	4	主绝缘tanδ大于下列值：500kV时，0.006；220kV时，0.007；110kV时，0.008。聚四氟乙烯缠绕绝缘互感器tanδ大于0.005	3	
15		主绝缘电容量	III	8	主绝缘电容量初值差超过±5%	3	
16		末屏绝缘	I	2	电容型电流互感器末屏对地绝缘电阻值小于1000MΩ	1	
			III	8	电容型电流互感器对地绝缘电阻值小于1000MΩ，且末屏对地tanδ大于0.015	1	

续表

序号	状态量		劣化程度	基本扣分	判断依据	权重系数	扣分值（基本扣分 × 权重）
	分类	状态量名称					
17	检修试验	油色谱（注）	I	2	H_2 大于 150μL/L	2	
			II	4	总烃大于 100μL/L	2	
			III	8	乙炔大于 1μL/L（220kV 及以上）；乙炔大于 2μL/L（110kV）	2	
18		局部放电	II	4	大于 20pC（气体）；大于 20pC（油纸绝缘及聚四氟乙烯缠绕绝缘）；大于 50pC（固体）	3	
19		SF_6 气体微水含量	II	4	大于 250μL/L（A 类检修后）；大于 500μL/L（运行中）	2	
20		二次绕组精度	II	4	不满足计量要求	3	
21		二次绕组容量	II	4	不满足计量要求	3	
22		其他	I	2			

注：取 H_2、总烃、乙炔三项中最大扣分值。

7.5 异常处置

7.5.1 电流互感器和电流测量装置异常及事故处理

7.5.1.1 紧急停用规定

1. 交直流电流测量装置

运行中，交直流电流测量装置有下列情况之一者，视具体情况，向调度申请①降功率运行，②停运相应极或相关断路器，并通知检修处理。

（1）套管因污秽，造成严重闪络放电。

（2）内部有严重放电声和异常声响。

（3）设备接头严重过热。

2. 光电流互感器

运行中，光电流互感器有下列情况之一者，视具体情况，向调度申请①降功率运行，②停运相应极，并通知检修处理。

（1）光电流互感器支持绝缘子有沿面放电痕迹。

（2）光电流互感器内部有异常响声。

（3）红外测温发现电流互感内部温度或其连接处温度持续升高。

7.5.1.2　故障现象及处理方法

7.5.1.2.1　电流互感器二次回路开路故障

1. 故障现象

（1）有关电流指示不正常；

（2）有关的保护和自动装置工作不正常；

（3）二次开路端子处发生火花或有放电声，有时还伴有焦糊味。

2. 分析处理

（1）立即汇报省调及相关领导，申请将故障 CT 所在极停运，隔离故障 CT；

（2）上报紧急缺陷，联系检修人员处理。

7.5.1.2.2　电流测量装置测量故障

1. 故障现象

保护动作，事件记录发报警，故障录波器动作。

2. 分析处理

（1）立即汇报省调和相关领导；

（2）现场检查电子 CT 有无异常，检查 OWS 上电子 CT 的测量值 IDL、光通道监视模块是否报警；

（3）如果保护动作，查看故障录波图，分析保护动作原因是否为光 CT 测量故障造成保护误动；

（4）对应极转为"隔离"状态，将该电流测量装置所在保护区域极母线转检修，上报紧急缺陷，联系检修处理。

7.5.2　电压测量装置异常及事故处理

7.5.2.1　紧急停用规定

运行中，发现极母线直流分压器有下列情况之一者，视具体情况，向省调申请①降功率运行，②停运相应极，并通知检修处理。

（1）套管因污秽，造成严重闪络放电。

（2）内部声音异常、严重不均匀。

（3）设备接头严重过热。

（4）分压器压力过高，导致防爆膜破裂。

7.5.2.2　故障现象及处理方法

7.5.2.2.1　直流分压器二次回路故障

1. 故障现象

（1）相关电压、功率值显示不正常；

（2）有关的保护和自动装置工作不正常。

2. 分析处理

（1）汇报省调及相关领导，立即停用由于失压而可能误动的保护；

（2）如引起控制系统动作不正常，则应停运相应的控制系统；

（3）向省调申请停运相应极，将故障直流分压器所在区域转检修；

（4）上报紧急缺陷，通知检修人员处理。

7.5.2.2.2　直流分压器的套管严重破损

1. 故障现象

套管严重破损，或外绝缘存在放电现象。

2. 分析处理

（1）汇报省调及相关领导，向省调申请将相应极停运，并将故障直流分压器所在区域转检修；

（2）上报紧急缺陷，通知检修人员处理。

7.5.2.2.3　直流分压器的压力报警故障

1. 故障现象

气体密度计显示压力值显示 0.3Bar 及以下，监控显示"XX 直流分压器的压力低报警"。

2. 分析处理

（1）汇报省调及相关领导，向省调申请将相应极停运，并将故障直流分压器所在区域转检修；

（2）上报缺陷，通知检修人员处理。

第 8 章　电缆

8.1　设备简介

电缆通常是由几根或几组导线（每组至少两根）绞合而成的类似绳索的电缆，每组导线之间相互绝缘，并常围绕着一根中心扭成，整个外面包有高度绝缘的覆盖层。

电缆主要由以下 4 部分组成。①导电线芯：用高电导率材料（铜或铝）制成。根据敷设使用条件对电缆柔软程度的要求，每根线心可能由单根导线或多根导线绞合而成。②绝缘层：用作电缆的绝缘材料应当具有高的绝缘电阻，高的击穿电场强度，低的介质损耗和低的介电常数。电缆中常用的绝缘材料有油浸纸、聚氯乙烯、聚乙烯、交联聚乙烯、橡皮等。电缆常以绝缘材料分类，例如油浸纸绝缘电缆、聚氯乙烯电缆、交联聚乙烯电缆等。③密封护套：保护绝缘线心免受机械、水分、潮气、化学物品、光等的损伤。对于易受潮的绝缘，一般采用铅或铝挤压密封护套。④保护覆盖层：用以保护密封护套免受机械损伤。一般采用镀锌钢带、钢丝或铜带、铜丝等作为铠甲包绕在护套外（称铠装电缆），铠装层同时起电场屏蔽和防止外界电磁波干扰的作用。为了避免钢带、钢丝受周围媒质的腐蚀，一般在它们外面涂以沥青或包绕浸渍黄麻层或挤压聚乙烯、聚氯乙烯套。

电缆按其用途可分为电力电缆、通信电缆和控制电缆等。与架空线相比，电缆的优点是线间绝缘距离小，占地空间小，地下敷设而不占地面以上空间，不受周围环境污染影响，送电可靠性高，对人身安全和周围环境干扰小；但造价高，施工、检修均较麻烦，制造也较复杂。因此，电缆多应用于人口密集和电网稠密区及交通拥挤繁忙处，此外，在过江、过河、海底敷设则可避免使用大跨度架空线。在需要避免架空线对通信干扰的地方以及需要考虑美观或避免暴露目标的场合也可采用电缆。

电力系统采用的电线电缆产品主要有架空裸电线、汇流排（母线）、电力电缆（塑料线缆、油纸力缆（基本被塑料电力电缆代替）、橡套线缆、架空绝缘电缆）、分支电缆（取代部分母线）、电磁线以及电力设备用电气装备电线电缆等。

8.2 运行规定

（1）电缆终端处应有明显的相位标志，并标明电缆线号、起止点，变电站内电缆夹层、整井、电缆沟（电缆隧道）内的电缆应外包防火阻燃带或使用防火阻燃护套电缆。

（2）电力电缆不宜过负载运行，必要时可过负载10%，但持续时间不应超过1h。

（3）电缆沟道与站内电缆夹层间应设有防火、防水隔墙。

（4）电力电缆至开关柜和设备间，穿过楼层或隔墙时应有封堵措施。

（5）电缆隧道和电缆沟内应有排水设施，电缆隧道、电缆沟内无积水，无杂物。

（6）配合停电对电缆终端进行清扫，对于污秽严重、可能发生污闪的，应及时停电清扫。

（7）备用电缆应视停电时间按 DL/T 596-1996《电力设备预防性试验规程》进行试验，合格后方可投入。

8.3 巡视检查

（1）电缆外护套应无破损。

（2）电缆金属护套接地良好，接头无过热，电缆外表无过热，电缆无渗漏油。

（3）电缆终端无异响、异味。

（4）电缆套管无裂纹、积污、闪络。

（5）电缆运行时的电流不超过允许值。

（6）充油电缆的油压正常，油压表电接点完好，油压报警装置完好。

（7）电缆支架牢固，无松动现象，无严重锈蚀，接地良好。

（8）引入室内的电缆孔封堵严密，电缆支架应牢固，接地良好。

（9）电缆终端清洁，无绝缘剂（纯缘混合物）渗漏，无过热、放电现象，引出线紧固可靠、无松动、断股，引线无变形，带电距离符合规定。

8.4 状态评价

电缆的状态评价分为部件评价和整体评价两部分。

8.4.1 部件状态评价

8.4.1.1 评价方法

1. 110（66）kV~500kV 电压等级电力电缆

电缆状态的评价应同时考虑各状态量单项的扣分情况和本电缆合计的扣分情况，然后评定为正常、注意、异常或严重状态，评定标准见表8-1。

表 8-1 110（66）kV~500kV 电压等级电缆线路状态评定标准

状态 部件	正常状态（以下同时满足）		注意状态（以下任一满足）		异常状态	严重状态
	合计扣分	单项扣分	合计扣分	单项扣分	单项扣分	单项扣分
电缆本体	≤ 30	< 20	> 30	12~16	20~24	≥ 30
线路终端	≤ 30	< 20	> 30	12~16	20~24	≥ 30
附属设施	≤ 30	< 20	> 30	12~16	20~24	≥ 30
中间接头	≤ 30	< 20	> 30	12~16	20~24	≥ 30
过电压保护器	≤ 30	< 20	> 30	12~16	20~24	≥ 30
线路通道	≤ 30	< 20	> 30	12~16	20~24	≥ 30

2. 10（6）kV~35kV 电压等级电力电缆

电缆某一部件的状态的评价应同时考虑各状态量单项的扣分情况和本部件合计的扣分情况，然后评定为正常、注意、异常或严重状态，评定标准见表 8-2。

表 8-2 10（6）kV~35kV 电压等级电力电缆各部件状态评定标准

状态 部件	正常状态（以下同时满足）		注意状态（以下任一满足）		异常状态	严重状态
	合计扣分	单项扣分	合计扣分	单项扣分	单项扣分	单项扣分
电缆本体	≤ 30	< 20	> 30	12~16	20~24	≥ 30
线路终端	≤ 30	< 20	> 30	12~16	20~24	≥ 30
中间接头	≤ 30	< 20	> 30	12~16	20~24	≥ 30
过电压保护器	≤ 30	< 20	> 30	12~16	20~24	≥ 30
线路通道	≤ 30	< 20	> 30	12~16	20~24	≥ 30

8.4.1.2 状态量扣分标准

电缆各部件的各状态量的扣分标准见表 8-3~ 表 8-8。

表 8-3 电缆本体状态量扣分标准

序号	状态量 分类	状态量 状态量名称	劣化程度	基本扣分	判断依据	权重系数	扣分值（基本扣分 × 权重）
1	家族缺陷	同厂、同型设备当年被通报的故障、缺陷信息	Ⅱ	4	一般缺陷未整改	2	
			Ⅳ	10	严重缺陷未整改		

续表

序号	状态量		劣化程度	基本扣分	判断依据	权重系数	扣分值（基本扣分×权重）
	分类	状态量名称					
2	运行巡检	电缆投运时间	II	4	运行时间超过使用寿命	2	
		电缆过载运行	II	4	负荷超过电缆额定负荷	2	
		本体变形	III	8	电缆本体遭受外力出现明显变形	3	
		充油电缆渗油	II	4	电缆本体出现渗油现象	3	
3	试验	主绝缘绝缘电阻※（单芯电缆）	IV	10	在排除测量仪器和天气因素后，主绝缘电阻值与上次测量相比明显下降	2	
			III	8	各相之间主绝缘电阻值不平衡系数大于2		
4		主绝缘绝缘电阻※（多芯电缆）	IV	10	在排除测量仪器和天气因素后，相间或各相与零线或各相与地线绝缘电阻值与上次测量相比明显下降	3	
5		自容充油电缆油耐压试验*	IV	10	电缆油击穿电压小于50kV	3	
6		自容充油电缆油介质损耗因数试验*	IV	10	在油温（100±1）℃和场强1MV/m条件下，介质损耗因数大于等于0.005	3	
7	试验	橡塑电缆主绝缘耐压试验	IV	10	220kV及以上电压等级：电压为1.36 U_n（U_n 为额定电压），时间为5min；110kV/66kV电压等级：电压为1.6 U_n，时间为5min；66kV以下电压等级：电压为2 U_n，时间为5min	4	
8		护套及内衬层绝缘电阻测试	I	2	每千米绝缘电阻为0.1MΩ~0.5MΩ	2	
			II	4	每千米绝缘电阻为0.1MΩ以下		
9		橡胶电缆护套耐受能力	IV	10	每段电缆金属屏蔽或过电压保护层与地之间施加5kV直流电压，60s内击穿	3	
10		充油电缆外护套和接头护套耐受能力*	IV	10	每段电缆金属屏蔽或过电压保护层与地之间施加6kV直流电压，60s内击穿	3	
11		外护层接地电流测试	II	4	下列任一条件满足：（1）接地电流≥100A且≤200A；（2）接地电流/负荷电流比值≥20%且≤50%；（3）单相接地电流的最大值与最小值比≥3且≤5	2	
			III	8	下列任一条件满足：（1）接地电流>200A；（2）接地电流/负荷电流比值>50%；（3）单相接地电流的最大值与最小值比>5		
12		电缆线路负荷过载	II	4	电缆因运行方式改变，短时间（不超过3h）超额定负荷运行	4	
			III	8	电缆长期（超过3h）超额定负荷运行		
13		其他	I	2			

注1："＊"为部分电缆特有元器件，如没有则该项不进行评价，按满分计。

注2："※"为该项内容仅适用于可进行对电缆主绝缘进行测试的电力电缆，而不适用于无绝缘屏蔽层结构电缆。

注3：主绝缘耐压试验指的是交流耐压试验。

表 8-4 电缆线路终端状态量扣分标准

序号	状态量 分类	状态量 状态量名称	劣化程度	基本扣分	判断依据	权重系数	扣分值（基本扣分 × 权重）
1	家族性缺陷	同厂、同型、同期设备的故障信息	III	8	严重缺陷未整改的	2	
			IV	10	危急缺陷未整改的		
2	运行巡检	终端固定部件外观	I	2	固定件松动、锈蚀、支撑绝缘子外套开裂	1	
			II	4	未采取整改措施；底座倾斜		
3		防雨罩外观	I	2	存在老化、破损情况但不影响正常运行	1	
			II	4	存在老化、破损情况，且存在漏水现象		
4		外绝缘	II	4	外绝缘爬距不满足要求，但采取措施	2	
			IV	10	外绝缘爬距不满足要求，且未采取措施		
5		终端套管外绝缘	III	8	存在破损、裂纹	2	
			IV	10	存在明显放电痕迹、异味和异常响声		
6		套管密封	II	4	存在渗油现象	3	
			III	8	存在严重渗油或漏油现象，终端尾管下方存在大片油迹		
7		瓷质终端瓷套或支撑绝缘子损伤情况	IV	10	瓷套管龟裂损伤	2	
			III	8	瓷套管有较大破损，瓷套管有细微破损，表面硬伤超过 200mm^2		
			II	4	瓷套管有细微破损，表面硬伤 200mm^2 以下		
8	运行巡检	终端瓷套脏污情况	IV	10	瓷套表面积污严重，盐密和灰密达到最高运行电压下能够耐受盐密和灰密值的 50% 以上	2	
			II	4	瓷套表面中度积污，盐密和灰密达到最高运行电压下能够耐受盐密和灰密值的 30%~50%		
			I	2	瓷套表面轻微积污，盐密和灰密达到最高运行电压下能够耐受盐密和灰密值的 20%~30%		
9		电缆终端外观	I	2	存在破损情况（破损长度 10mm 以下），或存在龟裂现象（长度 10mm 以下）	2	
			II	4	存在破损情况（破损长度 10mm 以上），或存在龟裂现象（长度 10mm 以上）		
			III	8	存在破损情况（贯穿性破损），或存在龟裂现象（贯穿性龟裂）		
10	试验	电缆终端与金属部件连接部位红外测温	I	2	同一线路三相相同位置部件相对温差超过 6K 但小于 10K	3	
			II	4	同一线路三相相同位置部件相对温差大于等于 10K		
11		电缆套管本体红外测温	I	2	本体相间相对温差超过 2K 但小于 4K	4	
			II	4	本体相间相对温差 ≥ 4K		
12		其他	I	2			

注 1：第 12 项为特殊试验，在具备条件时应开展相关测量工作，如不具备相关检测条件可不进行，不进行扣分。
注 2：电缆终端包括上杆终端、终端头（包括户内和户外）。
注 3：电缆终端外观指的是电缆终端外绝缘部分的外观，终端外观破损指的是破损部位最大长度。

表 8-5　电缆线路附属设施状态量扣分标准

序号	状态量 分类	状态量 状态量名称	劣化程度	基本扣分	判断依据	权重系数	扣分值（基本扣分 × 权重）
1	运行巡检	电缆支架外观	I	2	存在锈蚀、破损情况	1	
2		电缆支架接地性能	I	2	存在接地不良（大于 2Ω）现象	1	
3		抱箍外观	I	2	存在螺栓脱落、缺失、锈蚀情况	1	
			I	2	未采取隔磁措施		
4		接地箱外观	I	2	存在箱体损坏、保护罩损坏、基础损坏情况	1	
5		交叉互联保护器外观	II	4	存在保护器损坏情况	2	
6		交叉互联换位情况	III	8	存在交叉互联换位错误情况	3	
7		交叉互联箱母排对地绝缘	III	8	存在母排与接地箱外壳绝缘现象	2	
8		主接地引线接地状态	III	8	存在接地不良（大于 1Ω）现象	2	
9		主接地引线破损	I	2	存在破损现象，接地线外护套破损	1	
			II	4	接地电缆受损股数占全部股数小于 20%		
			III	8	受损股数占全部股数大于等于 20%		
10		接地（或交叉互联）箱连通性	I	2	存在连接不良（大于 1MΩ 但小于 2MΩ）情况	1	
			II	4	箱体存在接地不良（大于 2MΩ）情况		
11		回流连通性	II	4	回流线连通存在连接不良（大于 1MΩ）情况	2	
12		回流线破损	I	2	存在破损现象，回流线外护套破损	1	
			II	4	回流电缆受损股数占全部股数小于 20%		
			III	8	受损股数占全部股数大于等于 20%		
13	运行巡检	充油电缆供油装置 *	II	4	存在渗油情况	2	
			III	8	存在漏油情况		
14		充油电缆压力箱供油量 *	III	8	小于供油特性曲线所代表的标称油量的 90%	3	
15		充油电缆压力计 *	I	2	压力表计损坏	2	
16		防火措施	I	2	防火槽盒、防火涂料、防火阻燃带存在脱落	1	
17		标识牌	I	2	电缆线路铭牌、线路相位指示牌、路径指示牌、接地箱（交叉互联箱）铭牌、警示牌标识不清或错误	2	
18		在线监测设备	I	2	出现功能异常现象	2	
19		附属设备遗失	I	2	电缆回流线、接地箱丢失	3	
20		接地类设备遗失	II	4	直接接地箱、接地扁铁丢失	2	

续表

序号	状态量		劣化程度	基本扣分	判断依据	权重系数	扣分值（基本扣分 × 权重）
	分类	状态量名称					
21	试验	设备线夹、连接导线红外测温	I	2	同一线路三相相同位置部件相对温差大于等于20%且小于80%	3	
			II	4	同一线路三相相同位置部件相对温差大于等于80%且小于95%或热点温度大于80℃且小于110℃		
			III	8	同一线路三相相同位置部件相对温差小于95%或热点温度大于等于110℃		
22		交叉互联系统直流耐压试验	III	8	电缆外护套、绝缘接头外护套、绝缘夹板对地施加电压5kV，加压时间为60s，绝缘完好	3	
23		交叉互联系统过电压保护器及其引线对地绝缘	III	8	1000V条件下，应大于10MΩ	2	
24		交叉互联系统连接片接触电阻测试	II	4	要求不大于20μΩ或满足设备技术文件要求	2	
25		充油电缆油压示警系统控制电缆对地绝缘电阻	I	2	用250V绝缘电阻表测量，绝缘电阻值应大于1MΩ	2	
26		其他	I	2			

注："＊"为部分电缆特有元器件，如没有则该项不进行评价，按满分计。

表8-6 电缆线路中间接头状态量扣分标准

序号	状态量		劣化程度	基本扣分	判断依据	权重系数	扣分值（基本扣分 × 权重）
	分类	状态量名称					
1	家族性缺陷	同厂、同型、同期设备的故障信息	III	8	严重缺陷未整改的	2	
			IV	10	危急缺陷未整改的		
2	运行巡检	中间接头护套接地连通性	II	4	接地连通存在连接不良（大于1MΩ）情况	2	
3		铜外壳外观	II	4	存在变形现象，但不影响正常运行	2	
			III	8	存在变形现象，有可能威胁正常运行		
		铜壳密封性	III	8	存在内部密封胶想外渗现象	2	
4		密封胶	II	4	存在未凝固、未填满以及由于配比错误导致组水性下降现象	2	
5		环氧外壳密封	II	4	存在内部密封胶向外渗漏现象	2	
6		接头底座（支架）	I	2	存在锈蚀和损坏情况	1	

续表

序号	状态量		劣化程度	基本扣分	判断依据	权重系数	扣分值（基本扣分×权重）
	分类	状态量名称					
7	试验	接头耐压试验	IV	10	结合电缆本体试验进行，条件如下： （1）220kV 及以上电压等级：电压为 1.36 U_n，时间为 5min，绝缘完好 （2）110kV/66kV 电压等级：电压为 1.6 U_n，时间为 5min，绝缘完好 （3）66kV 以下电压等级：电压为 2 U_n，时间为 5min，绝缘完好	4	
8		其他	I	2			

注：此处接头耐压试验为交流耐压试验。

表 8-7　电缆线路过电压保护器状态量扣分标准

序号	状态量		劣化程度	基本扣分	判断依据	权重系数	扣分值（基本扣分×权重）
	分类	状态量名称					
1	运行巡检	过电压保护器外观	I	2	存在连接松动、破损	1	
			I	2	连接引线断股、脱落、螺栓确实		
2		过电压保护器动作指示器	I	2	存在图文不清、进水和表面破损	1	
3			II	4	误指示		
4		过电压保护器均压环	II	4	存在脱落、移位现象	1	
			III	8	存在缺失		
5	试验	过电压保护器电气性能	IV	10	直流耐压不合格或泄漏电流超标	3	
6		其他	I	2			

表 8-8　电缆线路通道状态量扣分标准

序号	状态量		劣化程度	基本扣分	判断依据	权重系数	扣分值（基本扣分×权重）
	分类	状态量名称					
1	运行巡检	非阻水结构电缆接头工井积水	I	2	工井内存在积水现象，且敷设的电缆未采用阻水结构，接头未浸水但其有浸水的趋势	1	
			II	4	工井内存在积水现象，且敷设的电缆未采用阻水结构，工井内接头 50% 以下的体积浸水		
			III	8	工井内存在积水现象，且敷设的电缆未采用阻水结构，工井内接头 50% 以上的体积浸水		
2		阻水结构电缆接头工井积水	I	2	工井内存在积水现象，但敷设电缆采用阻水结构，应根据以下标准进行评分：工井内接头 50% 以上的体积浸水且浸水时间超过 1 个巡检周期	1	

续表

序号	状态量		劣化程度	基本扣分	判断依据	权重系数	扣分值（基本扣分 × 权重）
	分类	状态量名称					
3	运行巡检	接头工井基础	I	2	存在工井下沉情况，应按下列标准扣分：墙体破损引起盖板倾斜低于周围标高，最大高差在 3~5cm 之内	2	
			II	4	坍塌引起盖板倾斜低于周围标高，最大高差在 5cm 以上，离电缆本体、接头或者配套辅助设施还有一定距离，还未对行人、过往车辆产生影响		
			III	8	坍塌引起盖板倾斜低于周围标高，最大高差在 5cm 以上，造成盖板压在电缆本体、接头或者配套辅助设施上，严重影响行人、过往车辆安全		
4		接头工井墙体	I	2	存在工井墙体坍塌情况，应按下列标准扣分：墙体破损引起盖板倾斜低于周围标高，最大高差在 3~5cm 之内	2	
			II	4	坍塌引起盖板倾斜低于周围标高，最大高差在 5cm 以上，离电缆本体、接头或者配套辅助设施还有一定距离，还未对行人、过往车辆产生影响		
			III	8	坍塌引起盖板倾斜低于周围标高，最大高差在 5cm 以上，造成盖板压在电缆本体、接头或者配套辅助设施上，严重影响行人、过往车辆安全		
5		非接头工井基础	I	2	存在工井墙体坍塌情况，应按下列标准扣分：墙体破损引起盖板倾斜低于周围标高，最大高差在 3~5cm 之内	2	
			II	4	坍塌引起盖板倾斜低于周围标高，最大高差在 5cm 以上，离电缆本体、接头或者配套辅助设施还有一定距离，还未对行人、过往车辆产生影响		
			III	8	坍塌引起盖板倾斜低于周围标高，最大高差在 5cm 以上，造成盖板压在电缆本体、接头或者配套辅助设施上，严重影响行人、过往车辆安全		
6		非接头工井墙体	I	2	存在工井墙体坍塌情况，应按下列标准扣分：墙体破损引起盖板倾斜低于周围标高，最大高差在 3~5cm 之内	2	
			II	4	坍塌引起盖板倾斜低于周围标高，最大高差在 5cm 以上，离电缆本体、接头或者配套辅助设施还有一定距离，还未对行人、过往车辆产生影响		
			III	8	坍塌引起盖板倾斜低于周围标高，最大高差在 5cm 以上，造成盖板压在电缆本体、接头或者配套辅助设施上，严重影响行人、过往车辆安全		
7		非接头工井盖板	I	2	存在缺失、破损、不平衡情况	1	
8		电缆沟基础	I	2	存在电缆沟基础下沉情况，导致墙体破损引起盖板倾斜低于周围标高，最大高差在 3~5cm 之内	2	
			II	4	坍塌引起盖板倾斜低于周围标高，最大高差在 5cm 以上，离电缆本体、接头或者配套辅助设施还有一定距离，还未对行人、过往车辆产生影响		
			III	8	坍塌引起盖板倾斜低于周围标高，最大高差在 5cm 以上，造成盖板压在电缆本体、接头或者配套辅助设施上，严重影响行人、过往车辆安全		

续表

序号	状态量		劣化程度	基本扣分	判断依据	权重系数	扣分值（基本扣分 × 权重）
	分类	状态量名称					
9	运行巡检	电缆沟墙体坍塌	I	2	墙体破损引起盖板倾斜低于周围标高，最大高差在3~5cm 之内	2	
			II	4	坍塌引起盖板倾斜低于周围标高，最大高差在5cm 以上，离电缆本体、接头或者配套辅助设施还有一定距离，还未对行人、过往车辆产生影响		
			III	8	坍塌引起盖板倾斜低于周围标高，最大高差在5cm 以上，造成盖板压在电缆本体、接头或者配套辅助设施上，严重影响行人、过往车辆安全		
10		电缆沟盖板	I	2	存在缺失、破损、不平衡情况	1	
11		电缆排管包方变形	I	2	存在变形情况，依下列原则扣分：裂缝有2处及以下，缝隙在1cm 以下	1	
			II	4	裂缝有2处及以上，缝隙在1cm 以上，或者有3~5处，缝隙在1cm 以下		
			III	8	裂缝有2处及以下，缝隙在1cm 以上，或者有5处以上，缝隙在1cm 以下		
12		电缆排管包方破损	I	2	存在破损情况，依下列原则扣分：素混凝土结构，局部点包方混凝土层厚度不符合设计要求的；钢筋混凝土结构，局部点包方混凝土层厚度不符合设计要求但未见钢筋层结构裸露	1	
			II	4	素混凝土结构，局部点无包方混凝土但未见排管；钢筋混凝土结构，包方混凝土层破损，仅造成有钢筋层结构裸露但未见排管		
			III	8	素混凝土结构，局部点无包方混凝土并明显可见排管；钢筋混凝土结构，包方混凝土层破损，造成有钢筋层结构损坏，明显可见排管或影响其对排管的保护作用		
13		电缆隧道墙体裂缝	I	2	存在变形情况，依下列原则扣分：裂缝有2处及以下，缝隙在2cm 以下	2	
			II	4	裂缝有2处及以上，缝隙在2cm 以上，或者有3~5处，缝隙在2cm 以下		
			III	8	裂缝有3处及以下，缝隙在2cm 以上，或者有5处以上，缝隙在2cm 以下		
14		电缆隧道内附属设施*	II	4	原有排水设施、照明设备、通风设备（或设施）、消防设备存在缺失情况，视情况酌情扣分	1	
15		电缆隧道竖井盖板	I	2	存在数量缺少、损坏情况	1	
16		隧道爬梯	I	2	爬梯出现锈蚀情况，依下列原则扣分：10% 以下爬梯主材锈蚀	1	
			II	4	10%~30% 爬梯主材锈蚀		
			III	8	30% 以上爬梯主材锈蚀		

续表

序号	状态量		劣化程度	基本扣分	判断依据	权重系数	扣分值（基本扣分 × 权重）
	分类	状态量名称					
17		隧道爬梯	I	2	爬梯存在损坏情况，依下列原则扣分：爬梯上下档 1 档轻微损坏但不影响上下通行	1	
			II	4	爬梯上下档 1 档损坏但影响上下通行		
			III	8	爬梯上下档 1 档以上损坏影响上下通行		
18		电缆桥基础	I	2	存在桥架基础下沉情况，依下列原则扣分：桥架与过渡工井之间产生裂缝或者错位在 5cm 之内	1	
			II	4	桥架与过渡工井之间产生裂缝或者错位在 5~10cm 之内		
			III	8	桥架与过渡工井之间产生裂缝或者错位在 10cm 以上		
19		电缆桥基础覆土	I	2	存在基础覆土流失情况，依下列原则扣分：桥架与过渡工井之间产生裂缝或者错位在 5cm 之内	1	
			II	4	桥架与过渡工井之间产生裂缝或者错位在 5~10cm 之内		
			III	8	桥架与过渡工井之间产生裂缝或者错位在 10cm 以上		
20	运行巡检	电缆桥架	I	2	存在桥架主材损坏情况，依下列原则扣分：10% 以下围栏主材损坏	1	
			II	4	10%~30% 围栏主材损坏		
			III	8	30% 以上面积围栏主材损坏		
21		电缆桥遮阳棚	I	2	遮阳棚存在损坏现象，按以下标准扣除相应分数：10% 以下遮阳棚面积损坏	1	
			II	4	10%~30% 遮阳棚面积损坏		
			III	8	30% 遮阳棚面积损坏		
22		电缆桥架主材	I	2	主材存在锈蚀，按以下原则扣分：10% 以下钢架桥主材腐蚀	1	
			II	4	10%~30% 钢架桥主材腐蚀		
			III	8	30% 以上钢架桥主材腐蚀		
23		电缆桥架接地电阻	I	2	不满足规程要求	1	
24		电缆桥架倾斜	I	2	存在桥架倾斜情况，依下列原则扣分：桥架与过渡工井之间产生裂缝或者错位在 4cm 之内	1	
			II	4	桥架与过渡工井之间产生裂缝或者错位在 5~10cm 之内		
			III	8	桥架与过渡工井之间产生裂缝或者错位在 10cm 以上		
25		敷设电缆与其他管线距离	II	4	电缆线路与煤气（天然气）管道、自来水（污水）管道、热力管道、输油管道不满足规程要求	2	

续表

序号	状态量		劣化程度	基本扣分	判断依据	权重系数	扣分值（基本扣分 × 权重）
	分类	状态量名称					
26	运行巡检	电缆线路保护区土壤	I	2	存在土壤流失现象，依下列原则扣分：土壤流失造成排管包方、工井等局部构筑物暴露，或者导致工井、沟体下沉使盖板倾斜低于周围标高，最大高差在3~5cm之内	1	
			II	4	土壤流失造成排管包方、工井等构筑物大面积暴露，或者导致工井、沟体下沉使盖板倾斜低于周围标高，最大高差在5~10cm之内		
			III	8	土壤流失造成排管包方开裂，工井、沟体等墙体开裂甚至凌空，或者导致工井、沟体下沉使盖板倾斜低于周围标高，最大高差在10cm以上		
27		电缆线路保护区内构筑物	I	2	不满足规程要求	2	
28	试验	电缆工井、隧道、电缆沟接地网接地电阻异常	II	4	存在接地不良（大于1MΩ）现象	2	
29		其他	I	2			

注："＊"为部分电缆特有，如没有则该项不进行评价，按满分计。

8.4.2 整体状态评价

当电缆线路的所有部件评价为正常状态时，则该条线路状态评价为正常状态。

当电缆任一部件的状态评价为注意状态、异常状态或严重状态时，电缆线路状态评价为其中最严重的状态。

对于混合线路（指由架空线路和电力电缆共同组成的线路），在评价时应将设备分别归为架空线路和电力电缆两部分进行，整体线路的最终状态由评价结果较差者确定。

第❾章　平波电抗器

9.1　设备简介

平波电抗器用于整流以后的直流回路中。整流电路的脉波数总是有限的，所以在输出的整直电压中总是有纹波的，这种纹波往往有害，需要由平波电抗器加以抑制。直流输电的换流站都装有平波电抗器，使输出的直流接近于理想直流。直流供电的晶闸管电气传动中，平波电抗器也是不可少的。平波电抗器与直流滤波器一起构成高压直流换流站直流侧的直流谐波滤波回路。平波电抗器一般串接在每个极换流器的直流输出端与直流线路之间，是高压直流换流站的重要设备之一。

平波电抗器通常可分为油浸式平波电抗器和干式平波电抗器。

油浸式平波电抗器的结构与变压器相似，主要由线圈、铁芯和油箱、套管、冷却系统等部件组成。油浸式平波电抗器因构造上有铁芯，其负荷电流与磁性成非线性关系。

干式平波电抗器主要由线圈、支架、绝缘支柱、均压环、底座等组成。线圈由多层同心压缩铝线包组成，每层线包均浇注环氧树脂绝缘，层间垫有隔条，用于保证层间绝缘和散热。每层线圈通过垂直紧固件固定牢靠，以确保线圈震动时不变形。由于干式平波电抗器无铁芯，所以负荷电流与磁性呈线性关系。

9.2　运行规定

（1）电抗器应满足安装地点的最大负载、工作电压等条件的要求。正常运行中，串联电抗器的工作电流不大于其 1.3 倍额定电流。

（2）电抗器接地应良好，干式电抗器的上方架构和四周围栏应避免出现闭合环路。

（3）油浸式电抗器的防火要求参照油浸式变正器的要求执行，室内油浸式电抗器应有单独间隔，应安装防火门并有良好通风设施。

9.3 巡视检查

9.3.1 一般原则

（1）电抗器线圈绝缘层完好，相色正确清晰。

（2）电抗器周围及风道整洁，无铁磁性杂物。

（3）支架无裂纹，线圈无松散变形，垂直安装的电抗器无倾斜。

（4）各连接部分接触良好，无过热。

（5）引线线夹处连接良好。

（6）外表无开裂，无放电痕迹。

（7）使用红外热成像或红外测温仪监测异常温升及局部热点。

（8）防雨措施良好。

（9）油浸式电抗器除按油浸式变压器的相关要求外，还应检查：

1）线圈震动噪声无异音；

2）瓷质套管部分无裂纹破损现场；

3）局部温升、上层油温正常，无渗漏油；

9.3.2 例行巡视

（1）盘面检查：查看中央报警系统上无异常报警信号。

（2）外观检查：本体外包封表面清洁、无裂纹，无爬电痕迹，无油漆脱落现象，憎水性良好；撑条无变形、脱落；线圈至汇流排引线接触良好，无开焊；连接引线部位无发热、变色；无动物巢穴等异物堵塞通风道；防护罩完好；支柱绝缘子金属部位无锈蚀，支座牢固，无倾斜变形，无明显污染情况，接地可靠，围栏及周边金属物无异常发热现象。

（3）声音检查：平波电抗器本体运行声音正常，无异常振动和声响。

9.3.3 全面巡视

（1）外观检查：检查线圈垂直通风道是否通畅，发现异物及时清理。

（2）污秽检查：平波电抗器本体无污秽现象，无破损、无裂纹。

（3）密封检查：端子箱柜门关闭良好，柜内孔洞封堵严密。

（4）防潮检查：端子箱中柜内加热器、温控器运行正常，二次端子接线无发霉、锈蚀现象，照明灯工作正常。

（5）接地检查：平波电抗器本体、端子箱接地连接良好。

（6）红外测温：检查电抗器是否有过热点产生。

9.4 状态评价

9.4.1 评价方法

状态的评价应同时考虑各状态量单项的扣分情况和本装置合计的扣分情况,然后评定为正常、注意、异常或严重状态,评定标准见表 9-1。

表 9-1　平波电抗器状态评定标准

正常状态	注意状态（以下任一满足）		异常状态	严重状态
合计扣分	合计扣分	单项扣分	单项扣分	单项扣分
≤ 30	>30	12~16	20~24	≥ 30

9.4.2 状态量扣分标准

见表 9-2。

表 9-2　平波电抗器 / 桥臂电抗器状态量扣分标准

序号	分类	状态量名称	劣化程度	基本扣分	判断依据	权重系数	备注
1	家族缺陷	同厂、同型、同期设备的故障信息	Ⅲ	8	严重缺陷未整改的	2	外绝缘和散热相关的缺陷
			Ⅳ	10	危急缺陷未整改的	2	
2	运行巡检	外观检查	Ⅱ	4	振动、噪声异常	3	
3			Ⅲ	8	表面有树枝状爬电现象、龟裂现象、绝缘漆脱落	3	
4		红外测温	Ⅲ	8	接头存在异常发热，相对温差≥80%	3	
					本体存在异常发热，相对温差≥80%	4	
5		支撑瓷瓶	Ⅰ	2	表面轻微破损或有明显积污	2	
6			Ⅲ	8	表面破损严重或有放电痕迹	3	
7		减震弹簧和缓冲器	Ⅲ	8	缓冲器有渗油现象，弹簧压缩量不平衡	2	
8	试验	绕组直流电阻测量	Ⅲ	8	与前次试验值相比，变化大于 2%	3	
		电感测量	Ⅲ	8	与前次试验值相比，变化大于 2%	3	
9		避雷器直流参考电压及泄漏电流测量	Ⅲ	8	1. 直流参考电压与初始值或制造厂规定值比较，变化大于 ±5% 2. 0.75 倍直流参考电压下的泄漏电流与历次试验值比较有明显增长	3	
10		超声探伤	Ⅲ	8	超标	3	
11		憎水性测试	Ⅲ	8	憎水性失效	3	

9.5 异常处置

9.5.1 一般原则

遇下列情况，应报告调度和有关部门：

（1）电抗器保护动作跳闸；

（2）干式电抗器表面放电；

（3）电抗器倾斜严重，线圈膨胀变形或接地；

（4）电抗器内部有强烈的放电声，套管出现裂纹或电晕现象；

（5）油浸式电抗器轻瓦斯动作，油温超过最高允许温度，压力释放阀喷油冒烟；

（6）电抗器振动和噪声异常增大；

当串联电抗器过负载时，应报告调度，并记录电抗器电流、系统电压和顶层油温。

9.5.2 紧急停用规定

1. 电抗器运行中有下列情况之一者，应立即停电

（1）电抗器内部声音异常且不均匀，并有明显的放电声；

（2）本体破裂；

（3）套管闪络并炸裂；

（4）电抗器着火。

2. 电抗器运行中发现下列现象，应联系调度，申请停运处理

（1）套管有裂纹并有放电痕迹；

（2）内部声音异常且不均匀；

（3）穿墙套管 SF_6 压力低报警。

9.5.3 故障现象及处理方法

9.5.3.1 电抗器保护动作跳闸

1. 故障现象

事件记录发相应报警信号，相应极直流系统停运。

2. 分析处理

（1）对故障电抗器进行外观检查；

（2）对保护动作情况和报警信号进行分析判断，确定是电抗器主设备故障；

（3）如果一次设备有明显的故障点，则将电抗器转检修；

（4）汇报省调及相关领导，上报紧急缺陷，通知检修人员处理。

9.5.3.2　电抗器着火

1. 故障现象

（1）事件记录发相应报警信号；

（2）火灾报警盘显示电抗器着火信号。

2. 分析处理

（1）检查相应极已停运，若未停运，应立即手动按紧急停运按钮；

（2）立即汇报省调及相关领导；

（3）拨打 119 报警，组织人员灭火；

（4）电抗器火扑灭后，将其转检修；

（5）上报紧急缺陷，通知检修人员处理。

第 ⑩ 章 启动电阻

10.1 设备简介

启动电阻的工作原理是：通常一端接电源（整流后）的正极，另一端接开关管的基极，在接通电源的瞬间，电路尚未起振时，给开关管基极提供一个偏流，使开关管集电极与开关变压器初级线圈流过一定量的电流，通过变压器感应，反馈线圈中产生了一个感应电压，又反馈给开关管基极，使电路进入自激振荡。

启动电阻的额定阻值定义为在额定电流及环境温度为 25℃ 下的电阻值，通常在电阻器上标出的阻值。每相电阻器通常由 3 个功率、尺寸完全相同的模块串联组合而成，便于安装维护、提高抗震强度，进一步减小电阻器整体电阻值偏差。每一电阻片两极接于内部框架上，中间绝缘，所有金属支架电位固定，另从电阻单元串中间段上引出一点接到箱体上，从而保证了电阻器箱体电位稳定，同时也减小了电阻器两极与箱体之间的电位差，提高了电阻器单元绝缘性能，为电阻器长期稳定运行提供了可靠的保证。

10.2 运行规定

（1）支持绝缘子无闪络、无裂纹；

（2）接地电阻连接良好、无异常；

（3）电阻柜（片）无异声、异味及过热现象；

（4）接地电阻的引下线无锈蚀、脱焊，接头牢固，接地可靠。

10.3 巡视检查

10.3.1 一般原则

（1）基础无沉降，本体无倾斜；

（2）无闪络、跳火现象，外壳无变形迹象；

（3）电阻连接良好，无异常；

（4）无异声、异味及过热现象；

（5）外壳接地良好，接地线无断裂和锈蚀现象；

（6）使用红外成像或红外测温仪监测异常温升及局部热点；

（7）标识齐全、清晰、无损坏，相色（极性）标注清晰。

10.3.2　例行巡视

（1）盘面检查：查看 OWS 上的中央报警系统无异常报警。

（2）外观检查：

1）无焦煳味，储能指示正常，运行状态（分 / 合）与实际运行方式相符；

2）检查本体无异常震动声响，支架无锈蚀或变形；断路器位置指示与运行方式匹配，套管和瓷瓶完好，无裂纹，无损伤，无放电现象，无严重积灰；引线接头无发黑，无锈蚀。

（3）声音检查：断路器运行声音正常。

（4）数据检查：正常运行时，压力正常（额定气压 0.70MPa，报警气压 0.62MPa，闭锁气压 0.60Mpa），无报警、漏气。

10.3.3　全面巡视

（1）现场检查：远方 / 就地投切把手在远方位置，打压电动机电源投入正常。

（2）外观检查：

1）设备编号、一次标示、二次标示齐全、清晰、无损坏；

2）相序标注清晰；

3）基础无倾斜、下沉。

（3）数据检查：正常运行时，确认 SF_6 气压在 0.6Mpa 以上并记录，确认无报警和漏气，抄录气动机构启动次数、累计机械操作次数，并对巡视数据进行分析。

（4）防潮检查：断路器机构箱内加热器、温控器正常工作，箱内无积水凝露现象。

（5）污秽检查：断路器本体无污秽现象，套管无破损、无裂纹。

（6）防误检查：设备防误标识正确、齐全、清晰、无损坏。

（7）器件检查：断路器机构箱内无发霉、锈蚀、冒烟异味、过热现象，外观正常。

（8）电源检查：断路器机构箱及端子箱内各电源开关均在正确位置。

（9）密封检查：断路器机构箱及端子箱密封完好，且箱内孔洞封堵严密，接地线无松动或脱落，无小动物进入，防火堵泥封堵良好。

（10）接地检查：断路器构架和机构箱及端子箱接地连接良好，基础无破损、开裂、下沉，二次线屏蔽层与地网铜排接地良好。

（11）红外测温：利用红外测温仪检查设备接头发热情况，确认断路器机构箱及端子箱内小开关无过热现象。

10.4 异常处置

10.4.1 紧急停用规定

遇到下列情况，应联系调度，申请停运处理。

（1）系统刚开始启动时，电阻单元片开路或短路；

（2）系统正常运行时，出现启动电阻器温度异常升高；

（3）上下层之间绝缘部分出现放电现象。

10.4.2 故障现象及处理方法

10.4.2.1 电阻单元片开路

分析处理：

（1）若是系统刚启动时，启动电阻断路器还未合上，电阻单元片开路，则换流阀无法充电。此时，应立即汇报省调及相关领导，向省调申请停止启动，将系统停运，启动电阻转检修。上报紧急缺陷，通知检修人员处理。

（2）若正常运行时电阻单元片开路，不影响系统正常运行，可上报缺陷，安排计划检修。

（3）若电阻单元片的引出线开路，或单元片的电阻片因外力引起断裂，检修人员应用压接法使断开处重新连接，更换新电阻片。

10.4.2.2 电阻单元片短路

故障现象：电阻单元片之间发生局部短路。

分析处理：

（1）若系统仍在运行中，则立即汇报省调及相关领导，向省调申请将系统停运，并将启动电阻转检修。

（2）上报紧急缺陷，通知检修人员检查处理。

（3）若是由于导电异物落挂到电阻栅状片上，造成短路打火但未造成电阻丝损伤时，检修人员清理异物即可。

10.4.2.3　电阻单元片温升高

故障现象：电阻单元片温升高，颜色暗红。

分析处理：

（1）立即汇报省调及相关领导，向省调申请将系统停运，并将启动电阻转检修。

（2）上报紧急缺陷，通知检修人员检查处理。

（3）若是因局部电阻片短路，单元片过流，检修人员消除局部短路因素即可恢复正常运行。

10.4.2.4　电阻单元串温升高

分析处理：

（1）立即汇报省调及相关领导，向省调申请将系统停运，并将启动电阻转检修。

（2）上报紧急缺陷，通知检修人员检查处理。

（3）若是因单元串中多片开路使其余完好电阻片产生过流，而引起电阻单元串温升高，则检修人员更换损坏的电阻单元片后，可重新投运。

10.4.2.5　电阻器总体温升高

分析处理：

（1）立即汇报省调及相关领导，向省调申请将系统停运，并将启动电阻转检修。

（2）上报紧急缺陷，通知检修人员检查处理。

（3）若是因多个单元串过流，或某串电阻单元串发生金属性短路，使大电流冲击的时间超限，检修人员应逐串、逐片检查，更换坏片，清除短路异物，更换坏片，校准整定保护时间。

10.4.2.6　上下层之间绝缘放电

分析处理：

（1）立即汇报省调及相关领导，向省调申请将系统停运，并将启动电阻转检修。

（2）上报紧急缺陷，通知检修人员检查处理。

（3)若是因绝缘子开裂损坏，而引起的上下层之间绝缘放电，检修人员更换绝缘子后，可重新投运。

第 11 章　绝缘套管

11.1　设备简介

　　绝缘套管装在变压器的油箱盖上,作用是将变压器内部的引线引到油箱外部,并使引线与油箱绝缘,同时也起到固定引线的作用。

11.2　运行规定

　　(1)正常运行时噪声、振动无异常,温度无异常变化;

　　(2)套管表面应定期清洗,发现表面有放电痕迹或油漆脱落,以及流(滴)胶、裂纹现象,应及时处理;

　　(3)其他运行规定依据根据厂家说明书制定。

11.3　巡视检查

11.3.1　例行巡视

　　(1)盘面检查：查看中央系统无异常报警。

　　(2)图像查看：查看高压套管表面无异物、电蚀或破损,引流线无异常,无影响设备运行的障碍物、附着物等。

　　(3)红外测温：红外热成像正常。

　　(4)气体压力：OWS 上在线监测显示的高压套管内气体压力数值在允许范围(额定压力 5.7Bar;1 级报警压力 5.3Bar;2 级报警压力 5.2Bar;3 级报警压力 5.0Bar,绝缘下降)。

11.3.2　全面巡视

　　其内容在例行巡视的基础上增加了：

图像查看：套管本身无放电和闪络的痕迹，套管表面无破损、裂纹、污秽现象，引流线无异常，无影响设备运行的障碍物、附着物等。

11.4 状态评价

11.4.1 评价方法

绝缘套管的状态的评价应同时考虑各状态量单项的扣分情况和本套管合计的扣分情况，然后评定为正常、注意、异常或严重状态，评定标准见表 11-1。

表 11-1 各部件评价标准

正常状态（以下同时满足）		注意状态（以下任一满足）		异常状态	严重状态
合计扣分	单项扣分	合计扣分	单项扣分	单项扣分	单项扣分
≤ 20	≤ 20	>20	12~20	24~30	≥ 30

11.4.2 状态量扣分标准

绝缘套管按绝缘方式归类为油纸绝缘、复合绝缘和 SF_6 气体绝缘三类，各类设备的状态量扣分标准分别见表 11-2~ 表 11-4。

当状态量（尤其是多个状态量）变化，且不能确定其变化原因或具体部件时，应进行分析诊断，判断状态量异常的原因，确定扣分部件及扣分值。经过诊断仍无法确定状态量异常原因时，应根据最严重情况确定扣分值。

表 11-2 油纸绝缘类穿墙套管状态量扣分标准

序号	状态量		劣化程度	基本扣分	判断依据	权重系数	备注
	分类	状态量名称					
1	家族缺陷	同厂、同型、同期设备的故障信息	Ⅲ	8	严重缺陷未整改的	3	
			Ⅳ	10	危急缺陷未整改的		
2	基本情况	外绝缘水平	Ⅱ	4	外绝缘爬距不满足污区要求，但已采取改善措施	3	
			Ⅳ	10	外绝缘爬距不满足污区要求，且未采取改善措施		
3	运行巡检	外观检查	油位指示	Ⅱ	4	油位指示偏高	3	
			Ⅲ	8	油位指示偏低或油位不可见		
4			渗漏油	Ⅱ	4	外表有轻微油迹	3	
			Ⅳ	10	外表有大面积漏油或滴油		

续表

序号	状态量		劣化程度	基本扣分	判断依据	权重系数	备注
	分类	状态量名称					
5	运行巡检	外观检查 外表损伤	II	4	瓷套存在裂纹，或复合套管伞裙局部缺损、变色	3	
			III	8	瓷套有局部小面积缺损，或复合套管伞裙有明显电腐蚀		
6		电晕或闪络	IV	10	瓷套或复合套管表面有较严重电晕或滑闪放电	3	
7		金属支架锈蚀	I	2	金属表面漆层破损和轻微锈蚀	2	
			III	8	金属表面锈蚀严重		
8		声音	IV	10	有异常声音	3	
9		红外测温 套管接线端子	II	4	温升＞10K，但热点温度≤55℃	3	
			III	8	热点温度＞55℃或相对温差≥80%		
			IV	10	热点温度＞80℃或相对温差≥95%		
10		套管本体	IV	10	整体或局部温差超过2K	4	
11	试验	油中溶解气体含量 甲烷 CH_4	III	8	甲烷＞100μL/L	2	
12		乙炔 C_2H_2	IV	10	乙炔＞1μL/L（220kV及以上）乙炔＞2μL/L（110（66）kV）	3	
13		氢气 H_2	III	8	氢气＞500μL/L	2	
14		绝缘电阻	III	8	主绝缘电阻小于10000MΩ，或末屏对地电阻小于1000MΩ	3	
15		电容型套管的电容量	IV	10	电容量初值差超过±5%	3	
16		电容型套管的介质损耗因数	III	8	主屏：500kV及以上设备的＞0.006，500kV以下设备的＞0.007。末屏：＞0.015	3	
			II	4	与初值比较有明显变化，或同组间比较有明显差异		
17		耐压	IV	10	按出厂试验值80%、时间60s进行，试验不通过	4	
18		局部放电测量	IV	10	局部放电（$1.05U_m/\sqrt{3}$）＞100pC	3	

表11-3 复合绝缘类穿墙套管状态量扣分标准

序号	状态量		劣化程度	基本扣分	判断依据	权重系数	备注
	分类	状态量名称					
1	家族缺陷	同厂、同型、同期设备的故障信息	III	8	严重缺陷未整改的	3	
			IV	10	危急缺陷未整改的		
2	基本情况	外绝缘水平	II	4	外绝缘爬距不满足污区要求，但已采取改善措施	3	
			IV	10	外绝缘爬距不满足污区要求，且未采取改善措施		

续表

序号	状态量			劣化程度	基本扣分	判断依据	权重系数	备注
	分类	状态量名称						
3	运行巡检	外观检查	外表损伤	Ⅱ	4	瓷套存在裂纹或复合套管伞裙局部缺损、变色	3	
				Ⅲ	8	瓷套有局部小面积缺损或复合套管伞裙有明显电腐蚀或环氧局部变色		
				Ⅳ	10	环氧有裂纹		
4			电晕或闪络	Ⅳ	10	瓷套或复合套管表面有较严重电晕或滑闪放电	3	
5			金属支架锈蚀	Ⅰ	2	金属表面漆层破损和轻微锈蚀	2	
				Ⅲ	8	金属表面锈蚀严重		
6		声音		Ⅳ	10	有异常声音	3	
7		红外测温	套管接线端子	Ⅱ	4	温升＞10K，但热点温度≤55℃	3	
				Ⅲ	8	热点温度＞55℃或相对温差≥80%		
				Ⅳ	10	热点温度＞80℃或相对温差≥95%		
8			套管本体	Ⅳ	10	整体或局部温差超过2K	4	
9	试验	电容型套管的电容量		Ⅳ	10	电容量初值差超过±5%	3	
10		电容型套管的介质损耗因数		Ⅲ	8	主屏：500kV及以上设备的＞0.006；500kV以下设备，聚四氟乙烯缠绕绝缘的＞0.005，树脂浸纸的＞0.007，树脂黏纸（胶纸绝缘）的＞0.015。末屏：＞0.015	3	
				Ⅱ	4	与初值比较有明显变化或同组间比较有明显差异		
11		绝缘电阻		Ⅲ	8	主绝缘电阻小于10000MΩ，或，末屏对地电阻小于1000MΩ。	3	
12		耐压		Ⅳ	10	按出厂试验值80%、时间60s进行，试验不通过	4	
13		局部放电测量		Ⅳ	10	局部放电（$1.05U_m/\sqrt{3}$）＞100pC	3	

表11-4　SF$_6$气体绝缘类穿墙套管状态量扣分标准

序号	状态量		劣化程度	基本扣分	判断依据	权重系数	备注
	分类	状态量名称					
1	家族缺陷	同厂、同型、同期设备的故障信息	Ⅲ	8	严重缺陷未整改的	3	
			Ⅳ	10	危急缺陷未整改的		
2	基本情况	外绝缘水平	Ⅱ	4	外绝缘爬距不满足污区要求，但已采取改善措施	3	
			Ⅳ	10	外绝缘爬距不满足污区要求，且未采取改善措施		

续表

序号	状态量			劣化程度	基本扣分	判断依据	权重系数	备注
	分类	状态量名称						
3	运行巡检	外观检查	外表损伤	II	4	瓷套存在裂纹，或复合套管伞裙局部缺损、变色	3	
				III	8	瓷套有局部小面积缺损，或复合套管伞裙有明显电腐蚀		
4			电晕或闪络	IV	10	瓷套或复合套管表面有较严重电晕或滑闪放电	3	
5			金属支架锈蚀	I	2	金属表面漆层破损和轻微锈蚀	2	
				III	8	金属表面锈蚀严重		
6		声音		IV	10	有异常声音	3	
7		SF_6泄漏		I	2	两次补气间隔大于一年且小于两年	3	
				II	4	两次补气间隔小于一年大于半年		
				III	8	两次补气间隔小于半年		
8		红外测温	套管接线端子	II	4	温升＞10K，但热点温度≤55℃	3	
				III	8	热点温度＞55℃或相对温差≥80%		
				IV	10	热点温度＞80℃或相对温差≥95%		
			套管本体	IV	10	整体或局部温差超过2K	4	
9	试验	绝缘电阻		III	8	小于10000MΩ	3	
10		耐压		IV	10	按出厂试验值80%，时间60s进行，试验不通过	4	
11		局部放电测量		IV	10	局部放电（$1.05U_m/\sqrt{3}$）＞100pC	3	
12		SF_6气体密封性检测		II	4	＞1%/年或不符合设备技术文件要求	3	
13		SF_6气体密度表（继电器）校验		III	8	不符合设备技术文件要求	2	
14		SF_6气体湿度		III	8	湿度＞500μL/L（运行中）	3	
15		SF_6气体成分分析		III	8	SO_2浓度＞5μL/L或H_2S浓度＞5μL/L	3	

11.5 异常处置

11.5.1 紧急停运规定

绝缘套管运行中有下列情况之一者，应立即停电：

（1）内部有严重放电声和异常声响；

（2）爆炸着火、异味或冒烟，本体有过热现象；

（3）充SF_6气体的绝缘套管SF_6气体压力严重泄漏，防爆片爆破。

11.5.2　SF$_6$气体严重泄漏故障处理方法

故障现象：监控显示绝缘套管 SF$_6$ 气体压力下降，防爆片爆破。

分析处理：

（1）汇报省调及相关领导，向省调申请停运相应极并将该套管转检修。

（2）上报紧急缺陷，联系检修人员进行处理。

第 12 章　监视与计量系统

12.1　设备简介

12.1.1　监视控制系统

换流站监视控制系统（即 SCADA, supervisory control and data acquisition 系统，也称运行人员控制系统）用于直流输电系统的控制与监视。它是上层系统，位于交流站控和直流控制保护系统等控制设备上层，与运行人员进行交流。SCADA 系统包括网络设备、SCADA 服务器、各类运行人员工作站、远动工作站、与其他二次系统或辅助系统的接口设备等。SCADA 系统完成对交流站控和直流控制保护系统、辅助系统等的监视、控制功能，也对整个换流站的事件报警系统进行集成。

SCADA 系统通过冗余的站 LAN（或称 SCADA LAN）网与控制保护系统进行通讯，站 LAN 网采用星型网络结构。运行人员控制系统配置冗余的 SCADA 服务器，实现整个 SCADA 系统的管理、前置采集、SCADA 数据处理、历史数据保存等功能。SCADA 服务器的前置采集功能模块通过冗余站 LAN 网接收控制保护装置发送的换流站监视数据及事件 / 报警信息并发送到各个 SCADA 服务器上的 SCADA 功能模块，同时通过站 LAN 网下发运行人员工作站发出的控制指令到相应的控制保护主机。SCADA 功能模块将对接收到的数据进行处理并同步到驻留在 SCADA 服务器和各 OWS 上的分布式实时数据库。历史功能则负责存储预先定义的需要保存历史的模拟量和事件到历史数据库（商用库）。

12.1.2　电能计费系统

电能计费系统由计量电能表（关口、非关口）、远方电能量数据终端设备、电能计量屏及相关插件组成。电度表与电量采集器之间通常采用 RS485 串口进行通讯，电量采集器通过调度数据网柜上的 10/100M 以太网口实现与各应用系统的通信。

12.2 运行规定

12.2.1 监视控制系统运行规定

（1）打印机工作情况正常；

（2）装置自检信息正常；

（3）不间断电源 (UPS) 工作正常；

（4）装置上的各种信号指示灯正常；

（5）运行设备的环境温度、湿度符合设备要求；

（6）显示屏、监控屏上的遥信、遥测信号正常；

（7）对音响及与五防闭锁等装置的通信功能进行必要的测试，结果正常。

12.2.2 电能计量系统运行规定

（1）电测仪表、电能表的规格应与互感器相匹配。设备变更时应及时修正表计量程、倍率和极限值。电磁式电流表应以红线标明最小元件极限值，电能计量倍率应有标示。

（2）新建和改建变电站的仪表及计量装置在投运前应检查其型号、规格、计量单位标志、出厂编号，应与计量检定证书和技术资料的内容相符。

（3）各种测量、计量仪表指示正常，且与一次设备的运行工况相符。

（4）计量设备变更时应及时修正表计量程、倍率和极限值。

12.3 巡视检查

12.3.1 监视控制系统巡视一般原则

（1）显示屏及监控屏上的遥信、遥测信号正常、各界面无异常报警；

（2）不间断电源（UPS）工作正常；

（3）屏柜内的各种信号指示灯正常；

（4）对音响与五防闭锁等装置通信功能进行必要的测试，正常；

（5）装置自检信息正常、软件运行正常、硬盘备用容量充足；

（6）运行设备的环境温度、湿度符合设备要求；

（7）机架、端子排、柜门外观完好，无变形、无锈蚀；

（8）屏柜内接线端子及光纤连接无松动、脱落现象；

（9）屏柜门关闭良好，底部封堵完好，无小动物出现；

（10）屏柜名称、编号清楚。

12.3.2 电能计量系统巡视一般原则

（1）运行人员监控后台无异常报警；

（2）各电能表计运行正常，各指示灯指示正常；

（3）屏柜内接线无松动、脱落现象，无焦煳味；

（4）屏柜门关闭良好，底部封堵完好，无小动物出现；

（5）屏柜名称、编号清楚；

（6）电能表计校验日期未过期。

12.3.3 监视控制系统巡视

12.3.3.1 例行巡视

（1）盘面检查：检查中央报警系统上各界面显示正常。

（2）现场检查：站控制监视服务器（SCM）外观良好，无异常报警声音，风扇运行良好，各盘柜内指示灯正常，查看屏内外接线端子无松动、接线脱落，无放电现象，盘内无焦煳味。

12.3.3.2 全面巡视

（1）密封检查：屏柜门关闭良好，底部封堵完好，无小动物出现。

（2）接地检查：盘柜接地铜排接地良好，接地标识清晰。

（3）电源检查：电源小开关均在合上位置。

（4）红外测温：盘内开关、接触器、二次端子温度正常。

12.3.4 电能计量系统巡视

12.3.4.1 例行巡视

（1）盘面检查：查看中央报警系统无报警信号。

（2）现场检查：各电能表计运行正常，查看屏内外接线端子无松动、接线脱落，无放电现象，盘内无焦煳味。

（3）声音检查：屏柜运行声音正常。

12.3.4.2 全面巡视

（1）密封检查：屏柜门关闭良好，底部封堵完好，无小动物出现。

（2）接地检查：盘柜接地铜排接地良好，接地标识清晰。

（3）电源检查：电源小开关均在合上位置。

（4）红外测温：盘内开关、接触器、二次端子温度正常。

12.4 异常处置

12.4.1 监视控制系统异常处置一般原则

（1）发现主/备服务器死机，即将该服务器进行重启。

（2）如果重启后服务器仍无法工作，通知检修人员检查处理。

12.4.2 监视控制系统故障现象及处理方法

12.4.2.1 系统界面发出硬盘容量报警

故障现象：SCADA 系统事件/报警工作站发"硬盘容量满"报警信号。

分析处理：这表示 SCADA 系统磁盘阵列剩余空间小于总容量的20%。应及时通知检修人员进行手动备份，并从硬盘上清除数据文件，使硬盘剩余空间大于总容量的30%。

12.4.2.2 服务器 SCM 死机

故障现象：OWS 上事件记录停止更新，远传信号停止更新，OWS 不能切换画面，事件记录发相应服务器故障告警。

分析处理：

（1）现场检查服务器运行状态，若故障服务器是原运行设备，则检查系统是否已自动切换到备用服务器；

（2）若没有切换成功，则手动将故障服务器切至备用，重启故障服务器；

（3）若故障服务器为备用设备，则将服务器重新启动一次；

（4）若重启无效，则上报缺陷，通知检修人员处理；

（5）如果两台服务器都有故障，则运行人员须到现场对设备加强监视，并逐台重启服务器；

（6）如果重启不成功，则立即上报缺陷，通知检修人员处理，运行人员在 DLC 屏内工作站注意监视直流系统运行状态。

12.4.2.3 SCADA 系统主机死机故障

故障现象：SCADA 系统主机死机，备用主机由备用状态切换至运行状态。

分析处理：

（1）现场检查备用主机是否成功由备用状态切换至运行状态，汇报省调；

（2）经省调同意后，若能将故障主机切至试验，应先在运行人员工作站上"站网结构"画面内将该主机由服务状态切换至试验状态；若不能将故障主机切至试验状态，则上报缺陷，通知检修人员处理；

（3）对故障主机进行故障信息收集，收集完毕后重启故障主机；

（4）如果重启故障主机后故障消失，且查看软件图无该主机出口跳闸信号后，将主机恢复至备用状态；如果重启该主机后故障无法消除，则上报缺陷，通知检修人员处理；

（5）所有 OWS 和 DWS、EWS 等均无法进行操作时，可用就地控制屏（ALC/DLC）内工作站进行操作。

第 13 章 远动及通讯系统

13.1 设备简介

在电力系统中，远动系统应用最为广泛，技术发展也最为成熟。作为电力行业的专用自动化系统，远动系统能提供较完整的信息，帮助工作人员正确掌握电网运行状态、加快决策，帮助快速诊断出系统的故障状态等，现已经成为电力调度不可缺少的工具。它对提高电网运行的可靠性、安全性与经济效益，减轻调度员的负担，实现电力调度自动化与现代化有着不可替代的作用。

13.2 运行规定

（1）换流站运行值班人员详细了解自动化设备的运行情况，及时发现设备故障。发现问题应及时向相关调度自动化值班员汇报，并向自动化运行维护单位反映。

（2）未经相关调度自动化值班人员批准，不得将远动装置、变送器、调度数据网络设备、电能计量装置、电能量远方终端停电或退出运行。

（3）下列情况下，经自动化系统运行主管机构和有关调度同意，允许设备退出运行：

1）设备定期检修；

2）设备异常，须检查修理；

3）因有关设备检修而使自动化设备停运；

4）其他特殊情况。

（4）情况紧急时可先进行处理，然后再汇报。自动化设备恢复运行后，应及时通知相关调度自动化值班人员，并做好设备退出运行的原因、时间及处理过程等记录。

13.3 巡视检查

13.3.1 例行巡视

（1）盘面检查：查看中央报警系统无告警。

（2）现场检查：各盘柜内指示灯正常，无报警灯亮，查看屏内外接线端子无松动、接线脱落，无放电现象，盘内有无焦煳味。

（3）声音检查：屏柜运行声音正常。

13.3.1 全面巡视

（1）密封检查：屏柜门关闭良好，底部封堵完好，无小动物出现。

（2）接地检查：盘柜接地铜排接地良好，接地标识清晰。

（3）电源检查：电源小开关均在合上位置。

（4）红外测温：盘内开关、接触器、二次端子温度正常。

13.4 异常处置

故障现象：装置异常灯亮，远动装置异常，导致远动信号无法上传。

分析处理：

（1）立即汇报通信人员，询问是否由于其他站有工作影响本站设备异常；

（2）检查远动装置是否自动切至备用系统，若没有自动切至备用系统，则手动切至备用系统；

（3）检查备用系统运行正常，通知检修人员检查处理故障系统；

（4）检查装置故障是否影响到保护装置的运行，若有影响则向省调申请退出相应保护；

（5）通知通信人员处理。

第 14 章 站用电系统

14.1 设备简介

一套完备的站用系统，必须具备三个不同来源的电源，通常来自两台变压器及一条外来保安线。站用电系统主要负荷包括生活照明电源、变压器风机电源、开关刀闸动力控制电源、检修电源、消防泵电源、直流充电机、UPS（不间断电源）系统、其他专用设备等，其中变压器风机、开关储能、刀闸动力及控制、消防泵、直流充电机等为重要负荷。不同电源来源严禁并列运行。

14.2 运行规定

（1）站用变压器采用两台及以上，一次侧接于不同的电源上，两台站用变压器正常时应分段运行，其容量应能满足站用电负荷要求。

（2）生产用电与生活用电应分别计量，检修工作应使用专用检修电源。

（3）站用变压器负载应均匀，其二次侧应装设电压表、电流表、电能表，并分级安装漏电保护装置。

（4）站用变压器的继电保护装置应定期检验，备用电源应定期进行切换试验。

14.3 巡视检查

14.3.1 一般原则

（1）变压器的油温和温度计应正常，储油柜的油位应与温度标界相对应，各部位无渗油、漏油，套管油位应正常，套管外部无破损裂纹、无严重油污、无放电痕迹及其他异常现象。

（2）变压器的冷却装置运转正常，运行状态相同的冷却器手感温度应相近，风扇、油泵运转正常，油流继电器工作正常，指示正确。

（3）变压器导线、接头、母线上无异物，引线接头、电缆、目线无过热。

（4）压力释放阀、安全气道及其防爆隔膜应完好无损。

（5）有载分接开关的分接位置及电源指示应正常。

（6）变压器室的门、窗、照明完好，通风良好，房屋不漏雨。

（7）变压器声响正常，气体继电器或集气盒内无气体。

（8）各控制箱和二次端子箱无受潮，驱潮装置正确投入；吸湿器完好，吸附剂干燥。

14.3.2　例行巡视

（1）盘面检查：查看中央报警系统无异常报警。

（2）外观检查：检查站用变运行正常，站用变温度显示正常，接地线无松动或脱落，温湿度控制器、接触器、继电器、空气开关等二次器件无异常。

（3）声音检查：无异常声音。

（4）接地检查：变压器外壳接地连接良好，基础无破损或开裂，基础无下沉。

14.3.3　全面巡视

在例行巡视的基础上，完成以下项目。

（1）数据检查：温度显示装置显示正常、无报警信号。

（2）红外测温：一次、二次侧测温。

14.4　异常处置

14.4.1　一般原则

站用变压器出现下列情况时，应立即停电处理。

（1）站用变压器冒烟、着火；

（2）运行中出现严重漏油、油标无油或跑油；

（3）内部有强烈的放电声或异常噪声。

站用变压器高压侧断路器跳闸或高压熔断器熔断，应查明故障原因，再恢复送电。

14.4.2　故障现象及处理方法

14.4.2.1　差动保护动作跳闸故障

故障现象：站用变压器差动保护动作跳闸。

分析处理：

（1）汇报站领导；

（2）检查差动保护范围内的一次设备，有无明显故障；

（3）取油样，化验分析，对一、二次设备进行试验，判明保护误动原因；

（4）如差动保护误动，通知检修处理；

（5）未发现任何故障，经公司生产领导（或总工）批准后，可试投入运行。

14.4.2.2 有载分接开关故障

分析处理：

（1）分接头开关电源跳开，则将分接头置"就地"控制；试合一次电源开关，若合上后再次跳开，通知检修人员处理；

（2）分接头传动机构卡死不能转动，则将分接头置"就地"控制并断开电源开关，通知检修人员处理；

（3）分接头频繁转动造成电压波动，则将分接头置"就地"控制，并手动调节分接头挡位使进线电压至正常范围后，断开分接头电源开关，通知检修人员处理。

14.4.2.3 站用变压器着火故障

分析处理：

（1）将着火变压器停电；

（2）检查站用电倒换正常；

（3）组织人员灭火，视火势情况拨打119；

（4）汇报调度及站领导；

（5）火灭后将着火变压器隔离，做好现场安全措施，通知检修人员处理。

14.4.2.4 10kV 母线故障

故障现象：10kV X 段母线上所有进线开关跳开。

分析处理：

（1）查 400V 系统联络运行正常；

（2）查故障母线上的进线开关已跳开；

（3）拉开故障母线所对应站用变高压侧开关。

（4）将 10kV 故障母线转检修，通知检修人员及时处理。

14.4.2.5 380V 母线故障

分析处理：

（1）汇报站领导；

（2）检查保护动作情况，判明故障原因；全面检查故障范围内的设备，查找故障点；

（3）若 400V 母线上有明显故障点，应立即拉开 400V 母线上所有负荷开关，联系检修及时处理；

（4）若 400V 母线上无明显故障点，应拉开 400V 母线上所有负荷开关，用 10kV 变压器对母线充电一次，充电正常后恢复正常运行方式；

（5）若充电不成功，应做好安全措施，联系检修处理；

（6）若在恢复负荷开关过程中，再次发生故障，则应将故障母线或负荷隔离并联系检修处理。

第15章 阀冷却系统

15.1 设备简介

每极 IGBT 阀配置一套独立的水冷却系统。该系统由两个冷却系统组成：一是内冷水循环系统，通过去离子水对 IGBT 阀进行冷却；二是外冷水循环系统，通过软化的清洁水对内冷水进行冷却。此外，还需要控制及动力系统。

阀内冷系统由各主循环泵、主过滤器、电加热器、脱气罐、旁路阀、去离子回路、离子交换器等组成。

外冷系统由闭式冷却塔、喷淋泵组、喷淋水处理系统、辅助系统等组成。闭式冷却塔作为换流阀冷却系统的室外换热设备，将换流阀的热损耗传递给喷淋水以及大气。喷淋泵组包括喷淋水泵、吸水总管、进出口绕性接头、进出口蝶阀、泵组框架等。喷淋水处理系统包括活性炭过滤器、全自动反清洗过滤装置、补充水软化及加药装置、自循环过滤系统。辅助系统包括排污系统、喷淋水池。

15.2 运行规定

15.2.1 内冷水系统运行规定

（1）系统正常运行时应保证内冷水进水、出水温度不超过设定值；

（2）系统正常工作时应满足以下条件：

1）至少一台主循环泵可用；

2）无 I/O 板故障；

3）无供水温度高报警，且至少一个供水温度传感器正常；

4）无供水温度低报警，且至少一个供水温度传感器正常；

5）无膨胀罐液位低报警，且至少一个膨胀罐液位传感器正常；

6）无冷却水流量低报警，且至少一个冷却水流量传感器正常；

7）无电导率高报警，且至少一个电导率传感器正常；

8）内冷至少一路直流母线供电正常。

（3）系统投运前应检查以下项目：

1）检查各表计指示正常；

2）检查各阀门位置正常，无漏水现象；

3）检查主循环泵运行正常，无异常震动，声音正常，油位正常；

4）检查马达控制柜（MCC）指示正常，接触器无过热；

5）检查水冷控制保护柜（CCP）运行正常，无报警信号。

15.2.2 外冷水系统运行规定

（1）检查各表计指示正常；

（2）检查各阀门位置正常，无漏水现象；

（3）检查并确认外冷水处理单元无缓冲水池液位低等严重报警；

（4）检查并确认外冷水房空调运转正常，无水汽凝结现象；

（5）检测并确认喷淋泵运转声音正常，出口压力指示在正常范围，震动无位移；

（6）检测并确认喷淋塔阀门位置正确，且管道无漏水；

（7）检查并确认喷淋塔风机运转正常，无异常噪音。

15.3 巡视检查

15.3.1 内冷水系统巡视

15.3.1.1 一般原则

（1）检查运行人员监控后台无异常报警；

（2）检查整个系统无渗漏水现象；

（3）检查主泵和管道声音和振动正常，现场气味无异常；

（4）检查相关表计读数在规定范围之内，并与监控后台数值一致；

（5）检查主循环泵、管道、各阀门及法兰连接处外观正常，阀门位置正确，无严重锈蚀；

（6）使用红外成像或红外测温仪监测主泵温度无异常；

（7）检查各设备标识清楚、无缺失损坏。

15.3.1.2 例行巡视

（1）数据抄录：包括进水温度、出水温度、电导率、进阀流量、出阀流量、进阀压力、氮气瓶压力、当日负荷。

（2）盘面检查：查看中央报警系统无报警信号。

（3）外观检查，主要包括：

1）膨胀罐液位正常，不低于或高于报警值，运行中的氮气瓶压力正常；

2）压力保护的进阀压力传感器正常；

3）进阀流量、出阀流量传感器工作正常；

4）电导率传感器正常；

5）进水温度、出水温度传感器正常；

6）就地测量表计运行无异常，就地远方测量数据偏差量在允许范围内；

7）检查主循环泵、管道、各阀门及法兰连接处外观正常，阀门位置正确，无严重锈蚀、渗漏水等现象。

（4）声音检查：检查主循环泵、各控制盘柜运行无异常声音和震动，内冷水管道无异常震动，现场气味无异常。

（5）渗漏检查：检查主循环泵、管道、各阀门及法兰连接处外观正常，阀门位置正确，无严重锈蚀，渗漏水等现象。

（6）接地检查：就地电源控制盘、控制保护盘接地连接良好。

（7）密封检查：就地电源控制盘、控制保护盘无凝露现象。

（8）标示检查：各元器件标识清楚、无缺失损坏。

15.3.1.3 全面巡视

在例行巡视的基础上，完成以下项目：

（1）红外测温：内冷水主循环泵、外冷水喷淋泵红外测温正常。

（2）状态检查，主要包括：

1）主循环泵安全开关在合上位置；

2）水管道无异常振动；

3）阀门位置应与图纸中正常运行状态下的位置相符合且已到位（参照内冷水流程图）。

（3）其他：空调运行正常。

15.3.2 外冷水系统巡视

15.3.2.1 一般原则

（1）定期启动系统检查有无渗漏水现象；

（2）定期启动系统检查主泵声音和振动是否正常；

（3）检查平衡水池、盐水池水位以及盐池盐位正常，水池无杂物；

（4）定期启动系统检查相关表计读数是否在规定范围之内；

（5）检查主循环泵、管道、各阀门及法兰连接处外观正常，阀门位置正确，无严重锈蚀；

（6）检查化学药剂罐药剂足量；

（7）检查各设备标识清楚、无缺失损坏。

15.3.2.2　例行巡视

（1）外观检查，主要包括：

1）PLC 控制面板显示正常，无报警信号；

2）冷却塔运行正常，无异常声音和明显震动；

3）补充水流量计进水流量正常；

4）冷却塔启动数量正常；

5）平衡水池、盐池水位正常，盐池中盐量充足。

（2）声音检查：喷淋泵、冷却塔无异常声音和明显振动。

（3）渗漏检查：化学药剂罐内药剂无渗漏、溢出，反洗泵、喷淋泵、软化罐、水管道、各电磁阀及阀门法兰连接处无漏水现象。

（4）接地检查：就地电源控制盘、控制保护盘接地连接良好，接地标识清晰。

（5）密封检查：就地电源控制盘、控制保护盘无凝露现象。

（6）标示检查：各元器件标识清楚、无缺失损坏。

15.3.2.3　全面巡视

在例行巡视的基础上，完成以下项目：

（1）状态检查，主要包括：

1）喷淋水池水位在正常范围；

2）喷淋水池循环水泵电源开关在合上位置，并打在"自动"方式；

3）外冷控制柜内部接线完好，无焦煳味；

4）喷淋泵安全开关在合上位置，并打在"自动"方式；

5）冷却塔风扇无异常声音和明显震动，安全开关在合上位置，冷却塔运行正常，无漏水、溢水现象；

6）管道无异常振动，阀门位置符合正常运行方式的设置；

7）砂滤罐的砂滤处理回路投入。

（2）红外测温：负荷开关、接触器、端子排无异常发热现象。

15.4 异常处置

15.4.1 阀内冷系统故障现象及处理方法

15.4.1.1 主循环泵故障

15.4.1.1.1 出现"P01主循环泵软启故障""P01主循环泵工频故障"（或"P02主循环泵软启故障""P02主循环泵工频故障"）报警信号

分析处理：

（1）在自动启动运行状态下，当运行中主循环泵发生过载，则断路器跳断或热继电器过热脱扣，该泵停止运行，HMI面板当前故障画面显示该信息，同时另一台备用泵自动投入运行；

（2）加强对正常运行泵的监视；

（3）上报缺陷，通知检修人员检查泵过载原因，并予以排除；

（4）打开控制柜门，将对应主泵断路器或热继电器复位。

15.4.1.1.2 出现"系统压力低切换主泵，请检查并确认""进阀压力低报警""主泵出水压力低"报警信号

分析处理：

（1）在自动启动运行状态下，当运行中发生压力低时，系统会自动切除运行中的主循环泵，将另一台主循环泵投入运行，同时在HMI面板当前故障画面显示该信息；

（2）加强对正常运行泵的监视；

（3）上报缺陷，通知检修人员检查压力低产生的原因，并予以排除；

（4）故障排除后，按HMI面板K10键，进入界面进行确认，"系统压力低切换主泵，请检查并确认"信号复归（注：此信息保持时，主泵不再切换）。

15.4.1.1.3 出现"P01主循环泵安全开关未合"（或"P02主循环泵安全开关未合"）报警信号

分析处理：

（1）检查P01（P02）主泵，检查安全开关是否合闸，若是因安全开关未合引起，则合上；

（2）检查安全开关辅助触点回路是否松动。

15.4.1.2 主循环泵运行噪声过大故障

故障现象：泵运行噪声过大，水泵运行不稳定并出现振动。

分析处理：

（1）排查故障原因，可能是：入口管路及泵内吸入空气（可加水、排气），叶轮失去平衡，内部零件磨损，泵受到管路的张力牵引，轴承磨损，电机风扇损坏，联轴器故障，泵内有异物（则清洁水泵）；

（2）上报缺陷，通知检修人员处理。

15.4.1.3 泵接口处出现渗漏故障

可能有的故障现象：

（1）泵接口处出现渗漏；

（2）机械密封渗漏。

分析处理：

（1）排查故障原因，可能是：接头密封渗漏，泵壳垫圈和接头垫密封不严，机械密封损坏。

（2）上报缺陷，通知检修人员处理。

15.4.1.4 泵未运行时出现泵反转故障

分析处理：

（1）上报缺陷，通知专业人员处理；

（2）可能是水泵出口止回阀回流，此时应关闭主泵的进水阀门和出水阀门，更换止回阀。

15.4.1.5 主泵电机温度过高故障

分析处理：

（1）若是泵入口管路有空气，则检查排气阀；

（2）若是入口压力过底，则增大入口压力；

（3）若是轴承润滑剂太少、太多或不适用，则添加润滑油；

（4）若是带轴承盖的泵受到管路的张力牵接，则加强固定；

（5）若是轴向压力过高，则检查轴承泄压口及密封环；

（6）依据检查的故障原因，上报缺陷，通知检修人员处理。

15.4.1.6 补水泵报警故障

15.4.1.6.1 出现"P11（或P12）补水泵故障！"报警信号

分析处理：

（1）上报缺陷，通知检修人员检查处理；

（2）打开控制柜门，对照图纸检查P11（或P12）补水泵控制回路，确认补水泵绝缘及线圈阻值是否正常（大于10MΩ）；

（3）检查是否因过载而引起的补水泵报警，若是因过载引起，应检查断路器配置是否合理和绝缘

电阻是否正常;

（4）将对应 P11（或 P12）补水泵断路器 QFP11 复位。

15.4.1.6.2 出现"原水泵故障！"报警信号

分析处理：

（1）上报缺陷，通知检修人员检查处理;

（2）打开控制柜门，对照图纸检查原补水泵控制回路，确认水泵绝缘及线圈阻值是否正常;

（3）检查是否因过载而引起的补水泵报警，若是因过载引起，予以排除;

（4）将对应原水泵断路器 QFP21 复位。

15.4.1.7 流量报警故障

15.4.1.7.1 出现"冷却水流量低！"报警信号

分析处理：

（1）检查 PLC 控制面板上循环冷却水流量、压力表计显示，排除误报可能;

（2）检查主泵运行情况，必要时切换主泵运行，可能是主循环管路或主过滤器堵塞;

（3）检查主管路沿程阀门阀位及主过滤器，查看相关阀门位置是否正确，过滤器是否阻塞;

（4）若主水管道漏水，视情况汇报相关领导，向省调申请，将相应极直流系统停运，内冷水转检修处理;

（5）上报缺陷，通知检修人员检查处理。

15.4.1.7.2 出现"冷却水流量超低！"报警信号

分析处理：

（1）流量已达到临界值，此时应检查 PLC 控制面板上循环冷却水流量、压力表计显示，如流量与压力均不正常，应汇报省调及相关领导，申请将相应极直流系统停运，阀冷系统停运检修;

（2）检查主循环泵转向是否正确，三相电源是否缺相;

（3）查看主循环管路沿程阀门阀位是否开启、是否有泄漏，主过滤器是否堵塞;

（4）上报缺陷，通知检修人员检查处理。

15.4.1.7.3 出现"去离子水流量低！"报警信号

分析处理：

（1）检查 PLC 控制面板上循环冷却水流量表计显示，排除误报可能;

（2）去离子水是否管路堵塞;

（3）确认去离子水管路球阀开启;

（4）检查精密过滤器滤芯是否堵塞，若过滤器滤芯堵塞，可在线进行清洗；

（5）若无法排除故障，则上报缺陷，通知检修人员检查处理。

15.4.1.8 压力告警故障

15.4.1.8.1　出现"进阀压力低！"报警信号

分析处理：

（1）检查 PLC 控制面板上循环冷却水压力、流量表计显示，排除误报可能；

（2）可能去离子水流量过高，可调整去离子水管路相关阀门；

（3）若是主管道过滤器 Z01 或 Z02 堵塞引起，检查手轮调节阀 V003、V004 是否没开到阀位；

（4）若无法排除故障，则上报缺陷，通知检修人员检查处理。

15.4.1.8.2　出现"进阀压力超低！"报警信号

分析处理：

1）检查 PLC 控制面板上循环冷却水压力、流量表计显示，排除误报可能；

2）出现此信息，可能管路有泄漏，检查主循环沿程管路阀门是否没开到阀位；

3）主过滤器 Z01 或 Z02 可能严重堵塞，若过滤器堵塞，可在线进行清洗；

4）若无法排除故障，则上报缺陷，通知检修人员检查处理。

15.4.1.8.3　出现"进阀压力高！"报警信号

分析处理：

（1）检查 PLC 控制面板上循环冷却水压力、流量表计显示，排除误报可能；

（2）管路承压过高，可能是主管路堵塞或膨胀罐压力过高，若膨胀罐压力过高，检查排气电磁阀是否运行正常。如不正常，需手动排气；

（3）若无法排除故障，则上报缺陷，通知检修人员检查处理。

15.4.1.8.4　出现"进阀压力超高！"报警信号

分析处理：

（1）检查 PLC 控制面板上循环冷却水压力、流量表计显示，排除误报可能；

（2）此信号说明压力已达临界值，管路承压过高，可能是主管路堵塞或系统压力过高，膨胀罐压力过高，检查排气电磁阀是否运行正常。如不正常，需手动排气；

（3）若无法排除故障，则上报缺陷，通知检修人员检查处理。

15.4.1.8.5　出现"回水压力低！"报警信号

分析处理：

（1）检查 PLC 控制面板上循环冷却水压力、流量表计显示，排除误报可能；

（2）可能是回水管路堵塞，或发生泄漏；

（3）膨胀罐压力过低；

（4）若无法排除故障或需检修相关管路，则上报缺陷，通知检修人员检查处理。

15.4.1.8.6　出现"回水压力超低！" 报警信号

分析处理：

（1）检查 PLC 控制面板上循环冷却水压力、流量表计显示，排除误报可能；

（2）可能是回水管路堵塞，或发生泄漏；

（3）若是膨胀罐压力过低引起，则检查补气电磁阀是否工作正常，检查气路是否正常；

（4）上报缺陷，通知检修人员检查处理；

（5）若需检修回水管路，则须经省调及相关领导同意阀内冷主回路检修，须将相应极直流系统停运。

15.4.1.8.7　"回水压力超低！""进阀压力超低" 两条报警信息同时报出

分析处理：

（1）检查 PLC 控制面板上循环冷却水压力、流量表计显示，排除误报可能；

（2）可能是管路有泄漏，应检查泄漏点；

（3）可能是两台主循环泵均故障；

（4）可能是两路交流动力电源均丢失；

（5）可能是主管道过滤器 Z01 或 Z02 严重堵塞；

（6）根据查明的原因上报缺陷，通知检修人员作相应处理；

（7）若需检修回水管路，则须经省调及相关领导同意阀内冷主回路检修，须将相应极直流系统停运。

15.4.1.8.8　出现"主泵出水压力低！"报警信号

分析处理：

（1）出现此报警，循环泵会马上切换，如切换后此信息消除，可判断是主循环泵故障；

（2）检查 PLC 控制面板上循环冷却水压力、流量的显示，排除误报可能；

（3）可能是阀体或回水管路堵塞，或发生泄漏；

（4）根据查找的原因及现象，上报缺陷，通知检修人员作相应处理。

15.4.1.8.9　出现"主泵出水压力高！" 报警信号

分析处理：

（1）检查 PLC 控制面板上循环冷却水压力、流量的显示，排除误报可能；

（2）主泵出水管路中阀门未开或故障卡死；

（3）上报缺陷，通知检修人员：在线检修故障阀门。

15.4.1.8.10　出现"阀冷系统主循环泵低速运行主泵出水压力低！"报警信号

分析处理：

（1）检查 PLC 控制面板上循环冷却水压力、流量显示，排除误报可能；

（2）可能是主泵出现故障，主泵气蚀，回水管路发生泄漏或堵塞；

（3）上报缺陷，通知检修人员检修相关管路。

15.4.1.9　温度异常告警故障

15.4.1.9.1　出现"冷却水进阀温度高！"报警信号

分析处理：

（1）检查 PLC 控制面板上温度指示是否正常，循环冷却水压力、流量是否正常；

（2）检查主循环泵运行是否正常，流量指示是否正常，若主循环泵运行异常，则按照主循环泵故障处理；

（3）检查外冷系统所有风扇均已启动；

（4）若电动三通阀故障，可在线更换电动三通阀；

（5）若温度持续上升，汇报相关领导，并向省调申请降低直流负荷操作，降功率时采用阶梯式，并时刻关注内冷水温度的变化以及另一极是否过负荷；

（6）上报缺陷，通知检修人员处理。

15.4.1.9.2　出现"冷却水进阀温度超高！"报警信号

分析处理：

（1）检查 PLC 控制面板上温度指示是否正常，循环冷却水压力、流量是否正常。

（2）此信号出现说明冷却水温度已达到临界值，应立即汇报省调及有关领导，申请将换流阀系统停运。

（3）上报缺陷，通知检修人员处理。

15.4.1.9.3　出现"冷却水进阀温度低！"报警信号

分析处理：

（1）有可能是以下原因：电加热器故障；阀冷系统刚启动，运行时间不长；电动三通阀故障；阀外冷系统故障；

（2）上报缺陷，通知检修人员处理。

15.4.1.9.4 出现"冷却水出阀温度高！"报警信号

分析处理：

（1）检查现场温度表指示是否正确；

（2）检查循环泵运行是否正常；

（3）检查阀塔工作是否正常，并用红外成像仪测温，查是否有相关警情；

（4）若温度继续上升，有可能是阀外冷系统故障或阀体异常发热引起，应申请省调降低直流负荷，必要时经领导同意向省调申请停用该极直流系统；

（5）上报缺陷，通知检修人员处理。

15.4.1.9.5 出现"阀厅室内温度高"或"阀厅室内湿度高"报警信号

分析处理：

（1）若阀厅室内温度过高或湿度高，应检查阀厅空调系统是否运行正常；

（2）密切监视阀厅室内温度、湿度；

（3）上报缺陷，通知检修人员处理。

15.4.1.10 电导率异常故障

15.4.1.10.1 出现"冷却水电导率高！"报警信号

分析处理：

（1）查找故障原因，可能是：管路系统有特殊污染源或电极污染，去离子水流量不足或采样管路堵塞，树脂正常耗净。

（2）上报缺陷，通知检修人员处理。

15.4.1.10.2 出现"冷却水电导率超高！"报警信号

分析处理：

（1）查找故障原因，可能是：管路系统有特殊污染源或电极污染，去离子水流量不足或采样管路堵塞，树脂正常耗尽。

（2）上报缺陷，通知检修人员处理。

15.4.1.10.3 出现"去离子水电导率高！"报警信号

分析处理：

（1）联系检修人员对内冷水电导率进行检查，确认是否误报警；

（2）核查是否因为去离子水处理管路系统有特殊污染源或电极污染；

（3）是否因为去离子管路堵塞；

（4）排除以上可能原因，若电导率确实高，则是树脂正常耗尽，联系检查更换树脂。

15.4.1.11　液位异常故障

15.4.1.11.1　出现"膨胀罐液位低！"报警信号

分析处理：

（1）若是 P11、P12 两台补水泵均故障，应分别在线检修 P11、P12 两台补水泵；

（2）若是由补水管路阀门非正常关闭引起，则将之正常关闭；

（3）若是原水罐没液，则对原水灌补水；

（4）若是原水罐通气电磁阀故障，则在线检修原水罐通气电磁阀；

（5）若是阀冷系统渗漏或泄漏，则上报紧急缺陷，并根据省调指令将相应极直流系统转冷备用，立即通知检修人员进行相应处理。

15.4.1.11.2　出现"膨胀罐液位超低！"报警信号

分析处理：

（1）说明水位已达到临界值，膨胀罐液位超低系统会发请求跳闸信号。

（2）若此时换流阀系统已停运，应立即汇报省调及相关领导。

（3）现场检查可能的原因：P11、P12 两台补水泵均故障；补水管路阀门（V134、V135、V136、V137）非正常关闭；原水罐没液；原水罐通气电磁阀（V512）故障，阀冷系统渗漏或泄漏。

（4）根据故障原因，上报紧急缺陷，并根据省调指令将相应极直流系统转冷备用，立即通知检修人员进行相应处理。

15.4.1.11.3　出现"膨胀罐液位高"报警信号

分析处理：

（1）检查 PLC 控制面板上温度指示是否正常，循环冷却水压力、流量是否正常；

（2）此信号说明水位已达高值，可能是温度异常变化或补水泵异常所引起；

（3）若是由补水泵异常引起，应关闭补水泵出水阀门，检修补水泵；

（4）若无法排除故障，则上报缺陷，通知检修人员进行处理。

15.4.1.11.4　出现"阀冷系统渗漏"报警信号

分析处理：

（1）检查系统管路沿程阀门、法兰连接处，特别是不同材质管道连接处以及阀体配水软管接头是否有明显泄漏点；

（2）若未发现漏水情况，则联系检修人员检查渗漏报警回路；

（3）监视液位变化情况，并加强对温度、循环泵运行情况的监视；

（4）若补水泵频繁启动，但未发现明显漏水点，或虽发现明显漏水点但无法有效隔离，则立即汇报省调及有关领导，向省调申请停运相应极的直流系统以准备进行检修；

（5）上报缺陷，通知检修人员进行处理。

15.4.1.11.5　出现"阀冷系统泄漏"报警信号

分析处理：

（1）此信号说明阀冷管道可能有爆裂，法兰或接头处可能松脱，引起内冷水大量泄漏，此信号报出时，阀冷会同时发直流系统跳闸请求和阀冷停机请求；

（2）此时应立即汇报省调及相关领导，同时到现场检查确认；

（3）检查阀冷系统管路沿程阀门、法兰连接处，特别是不同材质管道连接处以及阀体配水管接头，看是否有明显泄漏点，阀厅地面是否有明显水迹；

（4）现场检查补水泵是否频繁启动；

（5）若发现泄漏点，应立即隔离泄漏点；

（6）立即上报紧急缺陷，并通知检修人员处理。

15.4.1.12　加热器故障

15.4.1.12.1　出现"电加热器故障"报警信号

分析处理：

（1）上报缺陷，通知检修人员检查处理；

（2）打开控制柜门，检查电加热器控制回路元件及接线是否正常；

（3）检查电加热器绝缘及阻值是否正常，若电加热器本身故障，可在线更换电加热器；

（4）故障排除后，将对应电加热器断路器复位。

15.4.1.12.2　出现"电加热失败"报警信号

分析处理：

（1）检查电动三通阀阀位是否正确，电加热器运行时三通阀应处于关闭状态。

（2）检查电加热器阻值，可能是电热丝烧断，则应更换。

（3）上报缺陷，通知检修人员检查处理。

15.4.1.13　补水电动阀故障

故障现象：出现"补水电动阀故障"报警信号。

分析处理：

（1）PLC 发出补水电动阀开 / 关指令，但阀不响应时，系统发出该报警信息。故障消除后报警信息自动消失。

（2）故障原因可能是：补水电动阀电源跳断；补水电动阀开 / 关中继损坏；补水电动阀限位开 / 关中继损坏；电动球阀开 / 关接触器损坏。

（3）根据原因上报缺陷，通知检修人员处理。

15.4.1.14 补水泵故障

故障现象：出现“补水泵故障”报警信号。

分析处理：

（1）PLC 发出补水泵开 / 关指令，但泵不响应时，系统发出该报警信息。故障消除后报警信息自动消失。

（2）故障原因可能是：补水泵电源跳断；补水泵开 / 关中继损坏；补水泵开 / 关接触器损坏；泵本身故障，可在线检修或更换。

（3）根据原因上报缺陷，通知检修人员处理。

15.4.1.15 原水泵故障

故障现象：出现“原水泵故障”报警信号。

分析处理：

（1）PLC 发出原水泵开 / 关指令，但泵不响应时，系统发出该报警信息。故障消除后报警信息自动消失。

（2）故障原因可能是：原水泵电源跳断；原水泵开 / 关中继损坏；原水泵开 / 关接触器损坏；泵本身故障，可在线检修或更换。

（3）根据原因上报缺陷，通知检修人员处理。

15.4.1.16 原水罐电磁阀故障

故障现象：出现“原水罐电磁阀故障”报警信号。

分析处理：

（1）PLC 发出原水罐电磁阀开 / 关指令，但阀不响应时，系统发出该报警信息。故障消除后报警信息自动消失。

（2）故障原因可能是：原水罐电磁阀电源跳断；原水罐电磁阀开 / 关中继损坏。

（3）根据原因上报缺陷，通知检修人员处理。

15.4.1.17　供电电源故障

15.4.1.17.1　出现"阀冷系统双路交流动力电源故障"报警信号

分析处理：

（1）两路电源都丢失，主泵会停运，会引起系统跳闸。应立即汇报省调及相关领导，根据省调指令将相应极直流系统转冷备用。

（2）故障原因可能是：站用动力电源切换不正常；两路交流动力电源都丢失；双电源切换故障；电源监控继电器故障。

（3）上报紧急缺陷，立即通知检修人员处理。

15.4.1.17.2　出现"阀冷系统 1（或 2）# 交流动力电源故障"报警信号

分析处理：

（1）故障原因可能是：相对应的交流动力电源丢失；交流电源监控继电器故障；相对应的动力电源缺相或欠压。

（2）根据原因上报缺陷，通知检修人员处理。

15.4.1.17.3　出现"阀冷系统交流动力电源故障"报警信号

分析处理：

（1）故障原因可能是：交流电源监控继电器故障；两路动力电源切换后的电源缺相或欠压；两路动力电源缺相或欠压。

（2）根据原因上报缺陷，通知检修人员处理。

15.4.1.17.4　系统直流电源故障

故障现象："A 系统 1# 直流电源故障"、"A 系统 2# 直流电源故障"、"B 系统 1# 直流电源故障"、"B 系统 2# 直流电源故障"、"阀冷公共部分 1# 直流电源故障"、"阀冷公共部分 2# 直流电源故障"、"阀外冷 P1A 电源故障"、"阀外冷 P2A 电源故障" 信号之一出现。

分析处理：

（1）故障原因可能是：开关电源损坏；控制电源断路器跳断，此时复位前应查清故障原因、排除故障；单路控制电源进线失电。

（2）根据原因上报缺陷，通知检修人员处理。

15.4.1.18　CPU 及仪表故障

15.4.1.18.1　出现"PLC 站 A（或 B）故障"报警信号

分析处理：

（1）单台 CPU 故障，自动切换至另一台运行；

（2）上报缺陷，通知检修人员处理。

15.4.1.18.2　通讯模块与上位机通讯故障

故障现象："阀冷 AP4 控制柜 DP1A 通讯模块与上位机通讯故障""阀冷 AP4 控制柜 DP2A 通讯模块与上位机通讯故障"、"阀冷 AP5 控制柜 DP1B 通讯模块与上位机通讯故障""阀冷 AP5 控制柜 DP2B 通讯模块与上位机通讯故障"信号之一出现。

分析处理：

（1）检查阀冷系统对应的模块是否亮红灯报故障；

（2）是否极控与阀冷通讯管理机故障；

（3）检查阀冷故障模块 SF1 是否亮红灯，如果亮红灯，就是阀冷系统控制总线出现故障；

（4）检查阀冷故障模块 SF2 是否亮红灯，如果亮红灯，就是极控与阀冷通讯管理机故障；

（5）若无法排除故障，则上报缺陷，通知检修人员处理。

15.4.2　阀外冷系统故障现象及处理方法

15.4.2.1　喷淋泵故障

分析处理：

（1）立即到现场检查喷淋泵故障情况，判断是否切换到备用泵运行。

（2）若切换到备用泵运行正常，检查故障泵情况。若电机故障，将其退出检修。

（3）若故障泵外观无异常，而电源开关跳闸，则合上电源开关，复归故障信号，检查泵切换后运行是否正常；

（4）若无法排除故障，上报缺陷，通知检修人员处理。

15.4.2.2　风机故障或变频器故障

故障现象：风机变频故障或者风机工频故障。

分析处理：

（1）立即到现场检查风扇故障情况，若电机故障，则将其转检修状态；

（2）若开关跳闸，检查风扇外观无异常，则合上开关检查风扇运行情况，若开关又跳闸，则将其转检修状态；

（3）上报缺陷，通知检修人员处理。

15.4.2.3　阀冷电源柜交流电源丢失故障

分析处理：

（1）若是运行主泵电源丢失，应先查看备用主泵自动投入运行是否正常，并加强对运行泵的监视。

（2）现场检查电源情况，发现开关跳开可试合一次；若不成功，则上报缺陷，通知检修人员处理。

（3）若备用主泵电源丢失，是开关跳开，可试合一次；若不成功，则上报缺陷，通知检修人员处理。

15.4.2.4　外冷水主水流量低报警故障

分析处理：

（1）检查工业水泵运行情况；

（2）若工业水泵故障导致主水流量低，则切换至备用工业水泵运行；

（3）检查主回路阀门位置是否正确；

（4）上报缺陷，通知检修人员对主水回路进行检查。

15.4.2.5　外冷水平衡水池水位低报警故障

分析处理：

（1）检查平衡水池水位；

（2）检查工业泵是否启动，未启动应手动启动；

（3）若工业泵无法启动，则手动切换至备用工业泵运行；

（4）上报缺陷，通知检修人员处理。

第 16 章　空调与通风系统

16.1 设备简介

本系统通常由阀厅空调系统、换流站联合楼空调系统、综合泵房及警传室通风空调组成。

每个阀厅空调系统设置成一个独立的系统，采用风冷螺杆式冷（热）水机组＋组合式空气处理机组＋排风机＋风管送回风的系统形式。风冷螺杆式冷（热）水机组和组合式空气处理机组为一运一备。当设备发生故障时，备用机组可自动投入运行。另外备用机组与运行设备也可定期切换。空调系统采用一台补水定压装置用于冷冻水管的补水和定压。组合式空气处理机由回风 / 新风调节段、初效过滤段、烟雾过滤段、中效过滤段、亚高效过滤段、表冷段、辅助电加热段、加湿段、消声段、送风机段等功能段组成。

换流站联合楼空调系统通常覆盖到：桥臂电抗器室、直流场、主控室、二次设备室、站控及通讯设备室、阀冷控制设备室、站用电室、蓄电池室、阀冷装置室、空调设备室、二次设备备品备件、会议室、资料室、办公室、交接班室、候班室、活动室、卫生间等。直流场通常采用组合式空气处理机组机械进风、轴流风机机械排风之通风方式，组合式空气处理机组设初、中效过滤及烟雾过滤。

16.2 运行规定

（1）阀厅空调系统正常运行时，一套运行，一套备用，如果一套在运行中故障则备用系统自动投运；

（2）阀厅空调系统运行时除控制阀厅温度、湿度在正常范围内，还须保持阀厅一定的微正压；

（3）阀厅空调系统应检测相关设备的火灾报警系统工作情况，一旦出现火警信号，空调系统应自动停止运行，停止空气流通，防止火灾事故扩大。

（4）换流阀带电运行前，阀厅空调系统应能正常启动。

16.3 巡视检查

（1）检查全站空调系统无异常报警，复归报警，并记录不能复归的报警；

（2）检查各空调单元的控制面板上显示正常，无黑屏现象；

（3）检查冷却水回路无渗漏水现象，相关表计读数是否在规定范围之内；

（4）检查电动机、冷水压缩机、风扇运行正常，无异常声响、无剧烈振动；

（5）检查安全开关均合上；

（6）查看自动过滤装置滤网是否洁净、风冷水机组散热片是否清洁；

（7）检查控制屏信号指示正常，无信号灯闪动和报警，压缩机和风机电源指示正常，屏内无焦煳味；

（8）检查电源柜内清洁无杂物、照明正常、电源小开关均合上；

（9）检查设备标识清楚、无缺失损坏。

16.4 异常处置

16.4.1 送风机过载故障

故障现象：控制屏面板显示送风机过载。

分析处理：

（1）可能的原因：电源缺相；电机堵转；电机相间短路或风管阻力过小；风量过大超标而导致运行电流过大。

（2）须上报缺陷，由专业的制冷工程师进行检修。

16.4.2 送风机压差保护动作故障

故障现象：控制屏面板显示送风机压差保护动作。

分析处理：

（1）电机烧坏（会出现电机不转，外观可能会出现有发热烧黑的现象）；此时须请专业的制冷工程师进行检修；

（2）皮带断裂或过松；需停机更换；

（3）风管阻力太大或风阀未打开；

（4）上报缺陷，通知检修人员处理。

16.4.3 电加热器超温报警故障

故障现象：控制屏面板显示电加热器超温报警。

分析处理：

（1）可能原因：送风机电机反转；皮带过松导致风量太小；过滤网堵塞。

（2）须上报缺陷，请专业的制冷工程师检修。

16.4.4　加湿器故障

故障现象：控制屏面板显示加湿器故障。

分析处理：

（1）可能原因：水源中盐分太高或加湿器电极间短路，导致加湿器过流；加湿器缺水或缺相；加湿桶损坏。

（2）须上报缺陷，由专业的制冷工程师检修。

16.4.5　过滤网堵塞故障

故障现象：控制屏面板显示过滤网堵塞。

分析处理：

（1）粗效或中效过滤网积垢严重（粗效可清洗，中效只能更换）；

（2）须上报缺陷，通知检修人员或专业的制冷工程师处理。

第❶❼章 消防系统

17.1 设备简介

消防系统通常由水消防系统、阀厅极早期烟雾探测报警系统、阀厅紫外探测系统、控制楼火灾报警系统、消防栓、移动式灭火器等辅助消防设施组成。

水消防系统一般主要由 2 个工业消防水池、吸水井、2 台电动消防泵、消防水管网和消防栓组成，主要用于直流场设备、联变、备品备件库、阀厅等位置的灭火。当水消防系统启动时，消防泵将工业水池的水通过消防管网送各消防栓以提供消防用水。

火灾报警系统通常采用集中报警方式，系统由现场火灾探测器、手动火灾报警按钮、火灾声光警报器、消防应急广播、消防专用电话、火灾报警控制器、消防联动控制器等组成。其中起集中控制作用的消防设备——火灾报警控制器、消防联动控制器、消防应急广播的控制装置，消防应急专用电话总机——设置在消防控制火灾报警控制柜内。火灾报警主机通过 RS485 接口与变电站辅助监控系统通信，与站内辅助控制系统通信，通过智能辅助控制系统将信息上传到远方调控中心。现场探测器包括各种智能型感温及感烟探测器、吸气式感烟探测器，红外对射探测器、吸气式感烟探测器、火焰探测器等。探测器内置智能处理器，可对其保护区域连续自动监测。火灾报警系统配有备用电池，主机正常工作电源由变电站 UPS 电源供电。火灾报警主机具有对火灾信息进行分析、处理、显示，储存以往发生的事件记录，搜寻回路内各探测器，报警消音等功能。

17.2 运行规定

17.2.1 变压器消防运行规定

联接变压器运行时，消防系统必须投入。短时退出消防系统应取得主管领导许可。

17.2.2　控制楼消防运行规定

当控制楼某房间发生火灾时，室内烟感探头将信号送至消防控制中心发出报警，系统将自动关闭防火阀、组合式空调机组的送回风机。

火灾被扑灭后，应手动启动事故排风机及组合式空调机组的回风机，进行排烟净化。

17.2.3　阀厅消防运行规定

当阀厅发生火灾时，阀厅内烟感探头将信号送至消防控制中心发出报警，系统将自动关闭防火阀、组合式空调机组的送回风机。

确认火熄灭后，手动打开进风百叶及排烟阀，进行通风。

17.3 巡视检查

17.3.1　一般原则

（1）检查消防控制主机无异常报警；

（2）检查水泵、消防泵无异常声响，无过热、剧烈振动，无渗漏；

（3）检查消防管道压力正常，各阀门位置正常，管道和消防栓无渗漏水；

（4）检查控制面板内各指示信号正常；

（5）检查消防水池、工业消防水池水位正常；

（6）检查各喷头无误喷水，温度传感器工作正常；

（7）检查各灭火器压力、重量在正常范围内；

（8）检查各阀门位置正确；

（9）检查设备编号、警示标识齐全、清晰、无损坏。

17.3.2　换流变水喷淋系统巡视

17.3.2.1　例行巡视

（1）外观检查：电动消防泵、柴油消防泵、稳压泵外观、压力正常，无漏油等现象，无异常声音。

（2）状态检查，主要包括：

1）综合泵房控制柜电压、电流表正常，接线盒外观无异常，电动消防泵控制柜控制方式选择远方，柴油消防泵控制方式选择远方；

2）换流变消防管道压力正常；

3）紧急启动盒关闭，底部进水管道压力大于 0.7MPa，小于 0.9MPa。

17.3.2.2　全面巡视

在例行巡视的基础上，完成以下项目：

（1）状态检查：定期启动检查主回路消防管网压力。

（2）接地检查：盘柜接地连接良好。

（3）密封检查：柜内孔洞封堵良好，柜门关闭良好。

17.3.3　火灾报警系统巡视

17.3.3.1　例行巡视

盘面检查：查看中央报警系统无故障告警，火灾告警红色灯不亮，预警红色灯不亮，故障红色灯不亮，屏蔽红色灯不亮。

17.3.3.2　全面巡视

在例行巡视的基础上，完成以下项目。

（1）状态检查：

1）主控制器盘面状态正常，无报警信号，打印纸充足，工作站无异常报警；

2）各种探测器外观正常，探头指示灯工作正常；

3）消防气瓶气体压力在绿色范围内；

4）手报按钮外观正常，声光报警器外观正常；

5）烟雾探测管道外观正常，外壳无开裂，变形；

6）感应探头、手报按钮试验正常，手动启动装置指示灯正常。

（2）接地检查：盘柜接地良好。

第⓲章　运行与操作

18.1　运行方式

18.1.1　交直流系统运行方式

（1）联网运行方式。

（2）单换流站直流孤岛方式。

（3）多换流站直流孤岛方式。

（4）静止同步补偿器（STATCOM）运行方式。

（5）黑启动方式。

18.1.2　换流站运行方式

（1）对称单极运行方式。

（2）非对称单极运行方式。

（3）金属回线运行方式。

18.1.3　站用电系统运行方式

（1）站用电进线电源的来源及配置有多种，正常运行时的主用、备用安排相应断路器状态。

（2）10kV 系统断路器、母线状态分正常运行时和特殊情况时。

（3）0.4kV 系统断路器、母线状态分正常运行时和特殊情况时。

18.2　设备状态

18.2.1　检修状态

直流系统检修状态包括以下几种类型：

（1）联接变检修：联接变压器已经处于检修状态，有关接地刀闸合上，并做好安全措施。

（2）换流阀等检修：启动电阻、接地装置、换流阀已经处于检修状态，中性线断路器、金属回线隔离开关、极母线隔离开关断开，有关接地刀闸合上，并做好安全措施。

（3）直流线路检修：极母线及旁路线隔离开关拉开，极母线线路侧接地刀闸合上，并做好安全措施。

（4）接地极线路及接地极检修：接地极线路断路器、隔离开关断开，接地极线路接地刀闸合上，并做好安全措施。

18.2.2　冷备用状态

直流系统冷备用状态包括以下几种类型：

（1）极冷备用：联接变交流侧隔离开关拉开；中性线断路器、金属回线隔离开关、极母线隔离开关拉开，有关接地刀闸拉开，安全措施拆除；联接变、换流阀各侧接地刀闸拉开，安全措施拆除。

（2）直流线路冷备用：两换流站极母线隔离开关、旁路线隔离开关拉开，极母线线路侧接地刀闸拉开，安全措施拆除。

18.2.3　极隔离

直流场设备与直流线路（包括接地极线路）隔离，极母线隔离开关、中性线断路器、金属回线隔离开关拉开。

18.2.4　极连接

直流极母线隔离开关、中性线断路器、金属回线隔离开关、大地回线隔离开关合上，并有必备数量的直流滤波器在连接状态。

18.2.5　金属回线连接

直流设备按金属回线方式进行连接。

18.2.6　换流站充电

交流充电方式：交流侧断路器和隔离开关合上，通过交流系统给换流阀充电。

直流充电方式：本站处于极连接状态，通过直流系统给换流阀充电。

18.2.7　解锁状态

换流阀充电并满足解锁条件后，系统发送触发脉冲，将阀投入运行。

18.3　典型操作示例

以 ±320kV 鹭岛换流站为例，说明柔直换流站部分典型操作。

18.3.1　金属回线直流输电运行方式停送电

18.3.1.1　线路由检修转金属回线直流输电运行

1. 典型调度操作票指令

操作目的			浦园换流站、鹭岛换流站 ±320kV 浦岛极Ⅰ线线路由检修转金属回线直流输电运行（潮流方向为浦园送鹭岛有功 __MW，另一极停运）	
接令单位	操作步骤	操作厂站	操作指令	备注
厦门地调	△	湖边站	汇报：×××工作结束，×××可以送电	汇报工作结束
厦门地调	△	彭厝站	汇报：×××工作结束，×××可以送电	
检修公司	△	鹭岛站	汇报：×××工作结束，×××可以送电	
检修公司	△	浦园站	汇报：×××工作结束，×××可以送电	
厦门地调	1	湖边站	220kV 鹭湖Ⅰ路 231 线路由检修转冷备用	各站设备由检修改为冷备用
厦门地调	2	彭厝站	220kV 彭园Ⅰ路 265 线路由检修转冷备用	
检修公司	1	鹭岛站	#1 换流器、220kV 鹭湖Ⅰ路 28A 线路、±320kV 浦岛极Ⅰ线 0330 线路、浦岛金属回线 0050 线路由检修转冷备用	
检修公司	2	浦园站	#1 换流器、220kV 彭园Ⅰ路 29A 线路、±320kV 浦岛极Ⅰ线 0310 线路、浦岛金属回线 0040 线路及中性母线由检修转冷备用	
厦门地调、检修公司	△		待令	
检修公司	3	鹭岛站	浦岛金属回线 0050 线路及中性母线由冷备用转运行（接地极投入）	完成金属中线连接（顺控时鹭岛站接地极自动投入）
检修公司	4	浦园站	浦岛金属回线 0040 线路及中性母线由冷备用转运行	
检修公司	5	鹭岛站	#1 换流器由冷备用转热备用（220kV 鹭湖Ⅰ路 28A 线路、±320kV 浦岛极Ⅰ线 0330 线路转运行）	操作前确定两站极Ⅰ的运行方式均为"HVDC 运行"；两站极Ⅰ的控制方式，鹭岛为"直流电压控制"，浦园为"单极功率控制"。完成极Ⅰ金属回线接线方式；操作结束确认"连接""RFE"标识变红，极Ⅰ允许充电
检修公司	6	浦园站	#1 换流器由冷备用转热备用（220kV 彭园Ⅰ路 29A 线路、±320kV 浦岛极Ⅰ线 0310 线路转运行）	
省调	△	鹭岛站	汇报：鹭岛站接地极已投入，#1 换流器允许充电	
省调	△	浦园站	汇报：#1 换流器允许充电	
厦门地调	3	湖边站	220kV 鹭湖Ⅰ路 231 线路由冷备用转接Ⅰ段母线充电运行	对极Ⅰ进行充电
厦门地调	4	彭厝站	220kV 彭园Ⅰ路 265 线路由冷备用转接Ⅰ段母线充电运行	
检修公司	7	鹭岛站	#1 换流器由热备用转金属回线输电方式运行	待 #1 换流器由经启动电阻充电运行自动转经旁路开关充电运行后，"带电""RFO"标识随之变红，即可进行 #1 换流器的解锁运行
检修公司	8	浦园站	#1 换流器由热备用转金属回线输电方式运行（浦园站有功送出 _MW，无功送出 _MVar）	待 #1 换流器由经启动电阻充电运行自动转经旁路开关充电运行且鹭岛站解锁运行后，"带电""RFO"标识随之变红，即可进行 #1 换流器的解锁运行，解锁运行后方可输入功率整定值和上升速率

注："△"表示汇报项或待令项。

2. 典型操作票

#1 换流器、220kV 鹭湖 I 路 28A 线路、±320kV 浦岛极 I 线 0330 线路、浦岛金属回线 0050 线路由检修转冷备用
1. 查极 I 380V I 段 #7 馈线柜 "极 I 穿墙套管电动葫芦 4" J1 I M-7J 空开确在断开位置
2. 查极 I 380V I 段 #7 馈线柜 "极 I 穿墙套管电动葫芦 3" J1 I M-7I 空开确在断开位置
3. 查极 I 380V I 段 #7 馈线柜 "极 I 穿墙套管电动葫芦 2" J1 I M-7H 空开确在断开位置
4. 查极 I 380V I 段 #7 馈线柜 "极 I 穿墙套管电动葫芦 1" J1 I M-7G 空开确在断开位置
5. 查极 I 380V I 段 #7 馈线柜 "平波电抗器起重机（极 I 直流场）" J1 I M-7F 空开确在断开位置
6. 查极 I 380V II 段 #7 馈线柜 "极 I 穿墙套管电动葫芦 7" J1 II M-7H 空开确在断开位置
7. 查极 I 380V II 段 #7 馈线柜 "极 I 穿墙套管电动葫芦 6" J1 II M-7G 空开确在断开位置
8. 查极 I 380V II 段 #7 馈线柜 "极 I 穿墙套管电动葫芦 5" J1 II M-7F 空开确在断开位置
9. 查极 I 380V II 段 #7 馈线柜 "起重机（极 I 桥臂电抗器室）" J1 II M-7E 空开确在断开位置
10. 查极 I 380V II 段 #7 馈线柜 "悬挂起重机（极 I 直流场）" J1 II M-7D 空开确在断开位置
11. 合上 #1 换流变网侧端子箱 "28A 开关（QF1）控制电源 I" 直流空开 DK11
12. 合上 #1 换流变网侧端子箱 "28A 开关（QF1）控制电源 II" 直流空开 DK12
13. 合上 #1 换流变网侧端子箱 "28A6 甲地刀（QS12）操作总电源" 交流空开 ZKK31
14. 合上 #1 换流变阀侧端子箱 "0301A7 地刀（QS2）操作总电源" 交流空开 ZKK11
15. 关上极 I 桥臂电抗器室大门
16. 合上 #1 换流阀阀厅端子箱 "030117 地刀（QS31）操作总电源" 交流空开 ZKK11
17. 合上 #1 换流阀阀厅端子箱 "030127 地刀（QS32）操作总电源" 交流空开 ZKK21
18. 合上 #1 换流阀阀厅端子箱 "030107 地刀（QS4）操作总电源" 交流空开 ZKK31
19. 合上金属回线端子箱 "00301 刀闸（QS8）操作总电源" 交流空开 ZK11
20. 合上金属回线端子箱 "00506 刀闸（QS9）操作总电源" 交流空开 ZK21
21. 合上金属回线端子箱 "005067 地刀（QS92）操作总电源" 交流空开 ZK41
22. 合上极 I 中性线端子箱 "0010 开关（NBS）控制电源 I" 直流空开 DK11
23. 合上极 I 中性线端子箱 "0010 开关（NBS）控制电源 II" 直流空开 DK12
24. 合上极 I 中性线端子箱 "000107 地刀（QS61）操作总电源" 交流空开 ZKK11
25. 合上极 I 中性线端子箱 "00101 刀闸（QS6）操作总电源" 交流空开 ZKK21
26. 合上极 I 中性线端子箱 "001017 地刀（QS62）操作总电源" 交流空开 ZKK31
27. 合上极 I 中性线端子箱 "00102 刀闸（QS7）操作总电源" 交流空开 ZKK41
28. 合上极 I 中性线端子箱 "001027 地刀（QS71）操作总电源" 交流空开 ZKK51

29. 合上浦岛直流极 I 极线端子箱 "033007 地刀（QS51）操作总电源" 交流空开 ZKK11

30. 合上浦岛直流极 I 极线端子箱 "03306 刀闸（QS5）操作总电源" 交流空开 ZKK21

31. 合上浦岛直流极 I 极线端子箱 "033067 地刀（QS52）操作总电源" 交流空开 ZKK31

32. 拆除浦岛直流极 I 线路 03306 刀闸操作机构箱上 "禁止合闸，线路有人工作" 标示牌

33. 拆除浦岛金属回线 00506 刀闸操作机构箱上 "禁止合闸，线路有人工作" 标示牌

34. 点击 "顺序控制" 界面

35. 点击极 I 顺序控制 "未接地" 按钮

36. 查极 I 顺序控制 "未接地" 按钮变为红色

37. 点击 "主接线" 界面

38. 查 #1 换流变网侧 28A6 甲接地刀闸三相确已断开

39. 查 #1 换流变阀侧 0301A7 接地刀闸三相确已断开

40. 查 #1 换流阀上桥臂 030117 接地刀闸三相确已断开

41. 查 #1 换流阀下桥臂 030127 接地刀闸三相确已断开

42. 查 #1 换流阀极线侧 030107 接地刀闸确已断开

43. 查 #1 换流阀中性线侧 000107 接地刀闸确已断开

44. 查极 I 极线平波电抗器 033007 接地刀闸确已断开

45. 查极 I 中性线开关 001017 接地刀闸确已断开

46. 查极 I 中性线开关 001027 接地刀闸确已断开

47. 查图像监控系统 #1 换流变阀侧 0301A7 接地刀闸机械位置指示三相确在断开位置

48. 查图像监控系统 #1 换流阀上桥臂 030117 接地刀闸机械位置指示三相确在断开位置

49. 查图像监控系统 #1 换流阀下桥臂 030127 接地刀闸机械位置指示三相确在断开位置

50. 查图像监控系统 #1 换流阀极线侧 030107 接地刀闸机械位置指示确在断开位置

51. 查 #1 换流阀中性线侧 000107 接地刀闸机械位置指示确在断开位置

52. 查极 I 极线平波电抗器 033007 接地刀闸机械位置指示确在断开位置

53. 查极 I 中性线开关 001017 接地刀闸机械位置指示确在断开位置

54. 查极 I 中性线开关 001027 接地刀闸机械位置指示确在断开位置

55. 查 #1 换流变网侧 28A6 甲接地刀闸机械位置指示三相确在断开位置

56. 断开 #1 换流变网侧端子箱 "28A6 甲地刀（QS12）操作总电源" 交流空开 ZKK31

57. 拆除 #1 换流变网侧 28A1 刀闸操作机构箱上 "禁止合闸，线路有人工作" 标示牌

续表

58. 合上 #1 换流变网侧端子箱 "28A6 乙地刀（QS11）操作总电源"交流空开 ZKK21

59. 断开 220kV 鹭湖Ⅰ路 28A6 乙接地刀闸

60. 查 220kV 鹭湖Ⅰ路 28A6 乙接地刀闸三相确已断开

61. 查 220kV 鹭湖Ⅰ路 28A6 乙接地刀闸机械位置指示三相确在断开位置

62. 断开 #1 换流变网侧端子箱 "28A6 乙地刀（QS11）操作总电源"交流空开 ZKK21

63. 断开浦岛直流极Ⅰ线路 033067 接地刀闸

64. 查浦岛直流极Ⅰ线路 033067 接地刀闸确已断开

65. 查浦岛直流极Ⅰ线路 033067 接地刀闸机械位置指示确在断开位置

66. 断浦岛金属回线 005067 接地刀闸

67. 查浦岛金属回线 005067 接地刀闸确已断开

68. 查浦岛金属回线 005067 接地刀闸机械位置指示确在断开位置

备注：

1. 1~10 项查所有行车电源确在断开，只适用于年检时，若是停电消缺则不必所有电源均断开，有动用到行车的房间才必须查。

2. 需要注意所有地线已经拆除后方可进行送电操作。

#1 换流器、220kV 彭园Ⅰ路 29A 线路、±320kV 浦岛极Ⅰ线 0310 线路、浦岛金属回线 0040 线路及中性母线由检修转冷备用

1. 查极Ⅰ 380V Ⅰ段 #7 馈线柜 "极Ⅰ穿墙套管电动葫芦 4" J1 Ⅰ M-7J 空开确在断开位置

2. 查极Ⅰ 380V Ⅰ段 #7 馈线柜 "极Ⅰ穿墙套管电动葫芦 3" J1 Ⅰ M-7I 空开确在断开位置

3. 查极Ⅰ 380V Ⅰ段 #7 馈线柜 "极Ⅰ穿墙套管电动葫芦 2" J1 Ⅰ M-7H 空开确在断开位置

4. 查极Ⅰ 380V Ⅰ段 #7 馈线柜 "极Ⅰ穿墙套管电动葫芦 1" J1 Ⅰ M-7G 空开确在断开位置

5. 查极Ⅰ 380V Ⅰ段 #7 馈线柜 "平波电抗器起重机（极Ⅰ直流场）" J1 Ⅰ M-7F 空开确在断开位置

6. 查极Ⅰ 380V Ⅱ段 #7 馈线柜 "极Ⅰ穿墙套管电动葫芦 7" J1 Ⅱ M-7H 空开确在断开位置

7. 查极Ⅰ 380V Ⅱ段 #7 馈线柜 "极Ⅰ穿墙套管电动葫芦 6" J1 Ⅱ M-7G 空开确在断开位置

8. 查极Ⅰ 380V Ⅱ段 #7 馈线柜 "极Ⅰ穿墙套管电动葫芦 5" J1 Ⅱ M-7F 空开确在断开位置

9. 查极Ⅰ 380V Ⅱ段 #7 馈线柜 "起重机（极Ⅰ桥臂电抗器室）" J1 Ⅱ M-7E 空开确在断开位置

10. 查极Ⅰ 380V Ⅱ段 #7 馈线柜 "悬挂起重机（极Ⅰ直流场）" J1 Ⅱ M-7D 空开确在断开位置

11. 合上 #1 换流变网侧端子箱 "29A 开关（QF1）控制电源Ⅰ"直流空开 DK11

12. 合上 #1 换流变网侧端子箱 "29A 开关（QF1）控制电源Ⅱ"直流空开 DK12

续表

13. 合上 #1 换流变网侧端子箱 "29A6 甲地刀（QS12）操作总电源" 交流空开 ZKK31

14. 合上 #1 换流变阀侧端子箱 "0301A7 地刀（QS2）操作总电源" 交流空开 ZKK11

15. 关上极Ⅰ桥臂电抗器室大门

16. 合上 #1 换流阀阀厅端子箱 "030117 地刀（QS31）操作总电源" 交流空开 ZKK11

17. 合上 #1 换流阀阀厅端子箱 "030127 地刀（QS32）操作总电源" 交流空开 ZKK21

18. 合上 #1 换流阀阀厅端子箱 "030107 地刀（QS4）操作总电源" 交流空开 ZKK31

19. 合上浦岛直流极Ⅰ极线端子箱 "031007 地刀（QS51）操作总电源" 交流空开 ZKK11

20. 合上浦岛直流极Ⅰ极线端子箱 "03106 刀闸（QS5）操作总电源" 交流空开 ZKK21

21. 合上浦岛直流极Ⅰ极线端子箱 "031067 地刀（QS52）操作总电源" 交流空开 ZKK31

22. 合上极Ⅰ中性线端子箱 "0010 开关（NBS）控制电源Ⅰ" 直流空开 DK11

23. 合上极Ⅰ中性线端子箱 "0010 开关（NBS）控制电源Ⅱ" 直流空开 DK12

24. 合上极Ⅰ中性线端子箱 "000107 地刀（QS61）操作总电源" 交流空开 ZKK11

25. 合上极Ⅰ中性线端子箱 "00101 刀闸（QS6）操作总电源" 交流空开 ZKK21

26. 合上极Ⅰ中性线端子箱 "001017 地刀（QS62）操作总电源" 交流空开 ZKK31

27. 合上极Ⅰ中性线端子箱 "00102 刀闸（QS7）操作总电源" 交流空开 ZKK41

28. 合上极Ⅰ中性线端子箱 "001027 地刀（QS71）操作总电源" 交流空开 ZKK51

29. 合上金属回线端子箱 "0040 开关（GRTS）控制电源Ⅰ" 直流空开 DK11

30. 合上金属回线端子箱 "0040 开关（GRTS）控制电源Ⅱ" 直流空开 DK12

31. 合上金属回线端子箱 "0030 开关（NBGS）控制电源Ⅰ" 直流空开 DK21

32. 合上金属回线端子箱 "0030 开关（NBGS）控制电源Ⅱ" 直流空开 DK22

33. 合上金属回线端子箱 "003007 地刀（QS8）操作总电源" 交流空开 ZK11

34. 合上金属回线端子箱 "00406 刀闸（QS9）操作总电源" 交流空开 ZK21

35. 合上金属回线端子箱 "004007 地刀（QS91）操作总电源" 交流空开 ZK31

36. 合上金属回线端子箱 "004067 地刀 (QS92）操作总电源" 交流空开 ZK41

37. 拆除浦岛直流极Ⅰ线路 03106 刀闸操作机构箱上 "禁止合闸，线路有人工作" 标示牌

38. 拆除浦岛金属回线 00406 刀闸操作机构箱上 "禁止合闸，线路有人工作" 标示牌

39. 点击 "顺序控制" 界面

40. 点击极Ⅰ顺序控制 "未接地" 按钮

续表

41. 查极 I 顺序控制"未接地"按钮变为红色

42. 点击"主接线"界面

43. 查 #1 换流变网侧 29A6 甲接地刀闸三相确已断开

44. 查 #1 换流变阀侧 0301A7 接地刀闸三相确已断开

45. 查 #1 换流阀上桥臂 030117 接地刀闸三相确已断开

46. 查 #1 换流阀下桥臂 030127 接地刀闸三相确已断开

47. 查 #1 换流阀极线侧 030107 接地刀闸确已断开

48. 查 #1 换流阀中性线侧 000107 接地刀闸确已断开

49. 查极 I 极线平波电抗器 031007 接地刀闸确已断开

50. 查极 I 中性线开关 001017 接地刀闸确已断开

51. 查极 I 中性线开关 001027 接地刀闸确已断开

52. 查图像监控系统 #1 换流变阀侧 0301A7 接地刀闸机械位置指示三相确在断开位置

53. 查图像监控系统 #1 换流阀上桥臂 030117 接地刀闸机械位置指示三相确在断开位置

54. 查图像监控系统 #1 换流阀下桥臂 030127 接地刀闸机械位置指示三相确在断开位置

55. 查图像监控系统 #1 换流阀极线侧 030107 接地刀闸机械位置指示确在断开位置

56. 查 #1 换流阀中性线侧 000107 接地刀闸机械位置指示确在断开位置

57. 查极 I 极线平波电抗器 031007 接地刀闸机械位置指示确在断开位置

58. 查极 I 中性线开关 001017 接地刀闸机械位置指示确在断开位置

59. 查极 I 中性线刀关 001027 接地刀闸机械位置指示确在断开位置

60. 查 #1 换流变网侧 29A6 甲接地刀闸机械位置指示三相确在断开位置

61. 断开 #1 换流变网侧端子箱"29A6 甲地刀（QS12）操作总电源"交流空开 ZKK31

62. 拆除 #1 换流变网侧 29A1 刀闸操作机构箱上"禁止合闸，线路有人工作"标示牌

63. 合上 #1 换流变网侧端子箱"29A6 乙地刀（QS11）操作总电源"交流空开 ZKK21

64. 断开 220kV 彭园 I 路 29A6 乙接地刀闸

65. 查 220kV 彭园 I 路 29A6 乙接地刀闸三相确已断开

66. 查 220kV 彭园 I 路 29A6 乙接地刀闸机械位置指示三相确在断开位置

67. 断开 #1 换流变网侧端子箱"29A6 乙地刀（QS11）操作总电源"交流空开 ZKK21

续表

68. 断开浦岛直流极 I 线路 031067 接地刀闸
69. 查浦岛直流极 I 线路 031067 接地刀闸确已断开
70. 查浦岛直流极 I 线路 031067 接地刀闸机械位置指示确在断开位置
71. 断开浦岛金属回线 004067 接地刀闸
72. 查浦岛金属回线 004067 接地刀闸确已断开
73. 查浦岛金属回线 004067 接地刀闸机械位置指示确在断开位置
74. 断开中性母线 003007 接地刀闸
75. 查中性母线 003007 接地刀闸确已断开
76. 查中性母线 003007 接地刀闸机械位置指示确在断开位置
77. 断开大地回线转换开关 004007 接地刀闸
78. 查大地回线转换开关 004007 接地刀闸确已断开
79. 查大地回线转换开关 004007 接地刀闸机械位置指示确在断开位置

备注：
1. 1~10 项查所有行车电源确在断开，只适用于年检时，若是停电消缺则不必查所有电源均断开，有动用到行车的房间才必须查。
2. 需要注意所有地线已经拆除后方可进行送电操作。

浦岛金属回线 0050 线路及中性母线由冷备用转运行（接地极投入）
1. 点击"顺序控制"界面
2. 点击接线方式"金属中线连接"按钮
3. 查"金属中线连接"按钮变为红色
4. 点击"主接线"界面
5. 查接地极电流测量装置 00301 刀闸确已合上
6. 查浦岛金属回线 00506 刀闸确已合上
7. 查接地极电流测量装置 00301 刀闸机械位置指示确在合上位置
8. 查浦岛金属回线 00506 刀闸机械位置指示确在合上位置

浦岛金属回线 0040 线路及中性母线由冷备用转运行

1. 查中性母线大地回线转换 0040 开关机械位置指示确在断开位置

2. 点击"顺序控制"界面

3. 点击接线方式"金属中线连接"按钮

4. 查接线方式"金属中线连接"按钮变为红色

5. 点击"主接线"界面

6. 查浦岛金属回线 00406 刀闸确已合上

7. 查中性母线大地回线转换 0040 开关确已合上

8. 查浦岛金属回线 00406 刀闸机械位置指示确在合上位置

9. 查中性母线大地回线转换 0040 开关机械位置指示确在合上位置

#1 换流器由冷备用转热备用（220kV 鹭湖Ⅰ路 28A 线路、±320kV 浦岛极Ⅰ线 0330 线路转运行）

1. 查 #1 换流变网侧 28A 启动电阻旁路开关三相确已断开

2. 合上 #1 换流变网侧端子箱"28A1 刀闸（QS1）操作总电源"交流空开 ZKK11

3. 查极Ⅰ中性线 0010 开关确已断开

4. 点击"顺序控制"界面

5. 点击极Ⅰ运行方式"HVDC 运行"按钮

6. 查极Ⅰ运行方式"HVDC 运行"按钮变为红色

7. 查极Ⅰ"直流电压控制"按钮为红色

8. 查"无功控制"按钮为红色

9. 查极Ⅰ顺序控制"断电"状态指示为红色

10. 查极Ⅰ顺序控制"允许"状态指示为红色

11. 点击极Ⅰ顺序控制"连接"按钮

12. 查极Ⅰ顺序控制"连接"按钮变为红色

13. 点击"主接线"界面

14. 查 #1 换流变网侧 28A1 刀闸三相确已合上

15. 查极Ⅰ中性线 00101 刀闸确已合上

16. 查极Ⅰ中性线 00102 刀闸确已合上

17. 查极Ⅰ中性线 0010 开关确已合上

18. 查浦岛直流极Ⅰ线路 03306 刀闸确已合上

19. 查 #1 换流变网侧 28A1 刀闸三相机械位置指示确在合上位置

20. 断开 #1 换流变网侧端子箱"28A1 刀闸（QS1）操作总电源"交流空开 ZKK11

21. 查极 I 中性线 00101 刀闸机械位置指示确在合上位置

22. 查极 I 中性线 00102 刀闸机械位置指示确在合上位置

23. 查极 I 中性线 0010 开关机械位置指示确在合上位置

24. 查浦岛直流极 I 线路 03306 刀闸机械位置指示确在合上位置

#1 换流器由冷备用转热备用（220kV 彭园 I 路 29A 线路、±320kV 浦岛极 I 线 0310 线路转运行）

1. 查 #1 换流变网侧 29A 启动电阻旁路开关三相确已断开

2. 合上 #1 换流变网侧端子箱"29A1 刀闸（QS1）操作总电源"交流空开 ZKK11

3. 查极 I 中性线 0010 开关确已断开

4. 点击"顺序控制"界面

5. 点击极 I 运行方式"HVDC 运行"按钮

6. 查极 I 运行方式"HVDC 运行"按钮变为红色

7. 点击极 I 控制方式"单极功率控制"按钮

8. 查极 I 控制方式"单极功率控制"按钮变为红色

9. 查极 I 顺序控制"允许"状态指示为红色

10. 查极 I 顺序控制"断电"状态指示为红色

11. 点击极 I 顺序控制"连接"按钮

12. 查极 I 顺序控制"连接"按钮变为红色

13. 查极 I 顺序控制"RFE"状态指示变为红色

14. 查接线方式"极 I 金属回线"状态指示变为红色

15. 点击"主接线"界面

16. 查 #1 换流变网侧 29A1 刀闸三相确已合上

17. 查极 I 中性线 00101 刀闸确已合上

18. 查极 I 中性线 00102 刀闸确已合上

19. 查极 I 中性线 0010 开关确已合上

20. 查浦岛直流极 I 线路 03106 刀闸确已合上

续表

21. 查接地极电流测量装置 0030 开关确已断开

22. 查 #1 换流变网侧 29A1 刀闸三相机械位置指示确在合上位置

23. 断开 #1 换流变网侧端子箱 "29A1 刀闸（QS1）操作总电源" 交流空开 ZKK11

24. 查极 I 中性线 00101 刀闸机械位置指示确在合上位置

25. 查极 I 中性线 00102 刀闸机械位置指示确在合上位置

26. 查极 I 中性线 0010 开关机械位置指示确在合上位置

27. 查浦岛直流极 I 线路 03106 刀闸机械位置指示确在合上位置

28. 查接地极电流测量装置 0030 开关机械位置指示确在断开位置

#1 换流器由热备用转金属回线输电方式运行

1. 查 #1 换流变网侧 28A 启动电阻旁路开关三相机械位置指示确在合上位置

2. 点击 "主接线" 界面

3. 查湖边站 220kV 鹭湖 I 路 231 开关遥信指示三相确在合上位置

4. 查 "#1 换流变分接头控制" 为 "自动"，并显示红色

5. 点击 "顺序控制" 界面

6. 查极 I 顺序控制 "带电" 状态指示为红色

7. 查极 I 顺序控制 "RFO" 状态指示为红色

8. 查对站极 I 顺序控制 "RFO" 状态指示仅 "定直流电压站优先解锁" 条件未满足

9. 点击极 I 顺序控制 "运行" 按钮

10. 查极 I 顺序控制 "运行" 按钮变为红色

11. 查极 I 交流电压（U_s= ___ kV）

12. 查极 I 直流电压（U_{dl}= ___ kV）

#1 换流器由热备用转金属回线输电方式运行（浦园站有功送出 ___ MW，无功送出 ___ MVar）

1. 查 #1 换流变网侧 29A 启动电阻旁路开关机械位置指示三相确在合上位置

2. 点击 "主接线" 界面

3. 查彭厝站 220kV 彭园 I 路 265 开关遥信指示三相确在合上位置

续表

4. 查 "#1 换流变分接头控制" 为 "自动", 并显示红色
5. 点击 "顺序控制" 界面
6. 查极 I 顺序控制 "带电" 状态指示为红色
7. 查极 I 顺序控制 "RFO" 状态指示为红色
8. 点击极 I 顺序控制 "运行" 按钮
9. 查极 I 顺序控制 "运行" 按钮变为红色
10. 查极 I 交流电压 (U_s= kV)
11. 查极 I 直流电压 (U_dl= kV)
12. 查极 I 控制方式 "单极功率控制" 按钮为红色
13. 点击极 I 控制方式 "单极功率控制" 按钮
14. 在弹出单极功率控制界面上输入 "有功功率调节速率" ____MW/min, "有功功率整定值" ____MW
15. 查极 I 有功功率上升正常
16. 查极 I 有功功率 (P_s= MW)
17. 点击顺序控制 "无功功率" 按钮
18. 在弹出界面输入 "无功功率调节速率" ____MVar/min, "无功功率整定值" ____MVar
19. 查 #1 换流器无功功率上升正常
20. 查 #1 换流器无功功率 (Q_s= MVar)

18.3.1.2　线路由金属回线直流输电运行转检修（另一极停运）

1. 典型调度操作票指令

操作目的	浦园换流站、鹭岛换流站 ±320kV 浦岛极 I 线线路由金属回线直流输电运行转检修（另一极停运）			
接令单位	操作步骤	操作厂站	操作指令	备注
检修公司	1	浦园站	#1 换流器由运行转热备用（浦园站有功送出 0 MW ）	停运前应先把 "单极功率控制" 站的有功功率、无功功率降至 0 后再闭锁, "直流电压控制" 站待功率站闭锁后闭锁
检修公司	2	鹭岛站	#1 换流器由运行转热备用	
厦门地调	1	彭厝站	220kV 彭园 I 路 265 线路由充电运行转冷备用	
厦门地调	2	湖边站	220kV 鹭湖 I 路 231 线路由充电运行转冷备用	

续表

接令单位	操作步骤	操作厂站	操作指令	备注
检修公司	3	浦园站	#1 换流器由热备用转冷备用（220kV 彭园Ⅰ路 29A 线路、±320kV 浦岛极Ⅰ线 0310 线路转冷备用）	"断电""允许"标识变红后，即可进行极Ⅰ的隔离操作（顺控时会自动断开 #1 换流器启动电阻旁路开关）
检修公司	4	鹭岛站	#1 换流器由热备用转冷备用（220kV 鹭湖Ⅰ路 28A 线路、±320kV 浦岛极Ⅰ线 0330 线路转冷备用）	
检修公司	5	浦园站	浦岛金属回线 0040 线路及中性母线由运行转冷备用	金属中性隔离（顺控时鹭岛站接地极会自动断开）
检修公司	6	鹭岛站	浦岛金属回线 0050 线路及中性母线由运行转冷备用(退出接地极）	
厦门地调、检修公司	△	待令		
检修公司	7	浦园站	#1 换流器、220kV 彭园Ⅰ路 29A 线路、±320kV 浦岛极Ⅰ线 0310 线路、浦岛金属回线 0040 线路及中性母线由冷备用转检修	各站设备由检修改为冷备用
检修公司	8	鹭岛站	#1 换流器、220kV 鹭湖Ⅰ路 28A 线路、±320kV 浦岛极Ⅰ线 0330 线路、浦岛金属回线 0050 线路由冷备用转检修	
厦门地调	3	彭厝站	220kV 彭园Ⅰ路 265 线路由冷备用转检修	
厦门地调	4	湖边站	220kV 鹭湖Ⅰ路 231 线路由冷备用转检修	

2. 典型操作票

#1 换流器由运行转热备用（浦园站有功送出 0 MW）

1. 点击"顺序控制"界面

2. 点击顺序控制"无功功率"按钮

3. 在弹出界面输入"无功功率调节速率"____MVar/min，"无功功率整定值"__0__MVar

4. 查 #1 换流器无功功率下降正常

5. 查 #1 换流器无功功率（$Q_s=$_MVar）

6. 查顺序控制"手动控制"按钮为红色

7. 点击极Ⅰ控制方式"单极功率控制"按钮

8. 在弹出单极功率控制界面上输入"有功功率调节速率"____MW/min，"有功功率整定值"__0__MW

续表

9. 查极 I 有功功率下降正常

10. 查极 I 有功功率（$P_s =$ _MW）

11. 点击极 I 顺序控制 "停运" 按钮

12. 查极 I 顺序控制 "停运" 按钮变为红色

13. 查极 I 交流电压（$U_s =$ _ kV）

14. 查极 I 直流电压（$U_{dl} =$ _ kV）

#1 换流器由运行转热备用

1. 点击 "顺序控制" 界面

2. 查极 I 顺序控制对侧浦园站 "停运" 按钮变红色

3. 点击极 I 顺序控制 "停运" 按钮

4. 查极 I 顺序控制 "停运" 按钮变为红色

5. 查极 I 交流电压（$U_s =$ _ kV）

6. 查极 I 直流电压（$U_{dl} =$ _ kV）

#1 换流器由热备用转冷备用（220kV 彭园 I 路 29A 线路、±320kV 浦岛极 I 线 0310 线路转冷备用）

1. 合上 #1 换流变网侧端子箱 "29A1 刀闸（QS1）操作总电源" 交流空开 ZKK11

2. 点击 "主接线" 界面

3. 查彭厝站 220kV 彭园 I 路 265 开关遥信指示三相确在断开位置

4. 点击 "顺序控制" 界面

5. 查极 I 顺序控制 "允许" 状态指示为红色

6. 查极 I 顺序控制 "断电" 状态指示为红色

7. 点击极 I 顺序控制 "隔离" 按钮

8. 查极 I 顺序控制 "隔离" 按钮变为红色

9. 点击 "主接线" 界面

10. 查 #1 换流变网侧 29A 启动电阻旁路开关三相确已断开

11. 查 #1 换流变网侧 29A1 刀闸三相确已断开

12. 查浦岛直流极 I 线路 03106 刀闸确已断开

续表

13. 查极Ⅰ中性线 0010 开关确已断开
14. 查极Ⅰ中性线 00101 刀闸确已断开
15. 查极Ⅰ中性线 00102 刀闸确已断开
16. 查 #1 换流变网侧 29A 启动电阻旁路开关机械位置指示三相确在断开位置
17. 查 #1 换流变网侧 29A1 刀闸机械位置指示三相确在断开位置
18. 断开 #1 换流变网侧端子箱 "29A1 刀闸（QS1）操作总电源" 交流空开 ZKK11
19. 查浦岛直流极Ⅰ线路 03106 刀闸机械位置指示确在断开位置
20. 查极Ⅰ中性线 0010 开关机械位置指示确在断开位置
21. 查极Ⅰ中性线 00101 刀闸机械位置指示确在断开位置
22. 查极Ⅰ中性线 00102 刀闸机械位置指示确在断开位置

#1 换流器由热备用转冷备用（220kV 鹭湖Ⅰ路 28A 线路、±320kV 浦岛极Ⅰ线 0330 线路转冷备用）
1. 合上 #1 换流变网侧端子箱 "28A1 刀闸（QS1）操作总电源" 交流空开 ZKK11
2. 点击 "主接线" 界面
3. 查湖边站 220kV 鹭湖Ⅰ路 231 开关遥信指示三相确在断开位置
4. 点击 "顺序控制" 界面
5. 查极Ⅰ顺序控制 "允许" 状态指示为红色
6. 查极Ⅰ顺序控制 "断电" 状态指示为红色
7. 点击极Ⅰ顺序控制 "隔离" 按钮
8. 查极Ⅰ顺序控制 "隔离" 按钮变为红色
9. 点击 "主接线" 界面
10. 查 #1 换流变网侧 28A 启动电阻旁路开关三相确已断开
11. 查浦岛直流极Ⅰ线路 03306 刀闸确已断开
12. 查极Ⅰ中性线 0010 开关确已断开
13. 查极Ⅰ中性线 00101 刀闸确已断开
14. 查极Ⅰ中性线 00102 刀闸确已断开
15. 查 #1 换流变网侧 28A1 刀闸三相确已断开
16. 查 #1 换流变网侧 28A1 刀闸机械位置指示三相确在断开位置

续表

17. 查 #1 换流变网侧 28A 启动电阻旁路开关机械位置指示三相确在断开位置
18. 断开 #1 换流变网侧端子箱 "28A1 刀闸 (QS1) 操作总电源" 交流空开 ZKK11
19. 查浦岛直流极 I 线路 03306 刀闸机械位置指示确在断开位置
20. 查极 I 中性线 0010 开关机械位置指示确在断开位置
21. 查极 I 中性线 00101 刀闸机械位置指示确在断开位置
22. 查极 I 中性线 00102 刀闸机械位置指示确在断开位置

浦岛金属回线 0040 线路及中性母线由运行转冷备用
1. 点击 "顺序控制" 界面
2. 点击接线方式 "金属中线隔离" 按钮
3. 查接线方式 "金属中线隔离" 按钮变为红色
4. 点击 "主接线" 界面
5. 查中性母线大地回线转换 0040 开关确已断开
6. 查浦岛金属回线 00406 刀闸确已断开
7. 查中性母线大地回线转换 0040 开关机械位置指示确在断开位置
8. 查浦岛金属回线 00406 刀闸机械位置指示确在断开位置

浦岛金属回线 0050 线路及中性母线由运行转冷备用 (退出接地极)
1. 点击 "顺序控制" 界面
2. 点击接线方式 "金属中线隔离" 按钮
3. 查接线方式 "金属中线隔离" 按钮变为红色
4. 点击 "主接线" 界面
5. 查浦岛金属回线 00506 刀闸确已断开
6. 查接地极电流测量装置 00301 刀闸确已断开
7. 查浦岛金属回线 00506 刀闸机械位置指示确在断开位置
8. 查接地极电流测量装置 00301 刀闸机械位置指示确在断开位置

#1 换流器、220kV 彭园 I 路 29A 线路、±320kV 浦岛极 I 线 0310 线路、浦岛金属回线 0040 线路及中性母线由冷备用转检修

1. 合上 #1 换流变网侧端子箱 "29A6 甲地刀（QS12）操作总电源" 交流空开 ZKK31

2. 点击 "顺序控制" 界面

3. 点击极 I 顺序控制 "接地" 按钮

4. 查极 I 顺序控制 "接地" 按钮变为红色

5. 点击 "主接线" 界面

6. 查 #1 换流变网侧 29A6 甲接地刀闸三相确已合上

7. 查 #1 换流变阀侧 0301A7 接地刀闸三相确已合上

8. 查 #1 换流阀上桥臂 030117 接地刀闸三相确已合上

9. 查 #1 换流阀下桥臂 030127 接地刀闸三相确已合上

10. 查 #1 换流阀极线侧 030107 接地刀闸确已合上

11. 查 #1 换流阀中性线侧 000107 接地刀闸确已合上

12. 查极 I 极线平波电抗器 031007 接地刀闸确已合上

13. 查极 I 中性线开关 001017 接地刀闸确已合上

14. 查极 I 中性线开关 001027 接地刀闸确已合上

15. 查图像监控系统 #1 换流变阀侧 0301A7 接地刀闸机械位置指示三相确在合上位置

16. 查图像监控系统 #1 换流阀上桥臂 030117 接地刀闸机械位置指示三相确在合上位置

17. 查图像监控系统 #1 换流阀下桥臂 030127 接地刀闸机械位置指示三相确在合上位置

18. 查图像监控系统 #1 换流阀极线侧 030107 接地刀闸机械位置指示确在合上位置

19. 查 #1 换流阀中性线侧 000107 接地刀闸机械位置指示确在合上位置

20. 查极 I 极线平波电抗器 031007 接地刀闸机械位置指示确在合上位置

21. 查极 I 中性线开关 001017 接地刀闸机械位置指示确在合上位置

22. 查极 I 中性线开关 001027 接地刀闸机械位置指示确在合上位置

23. 查 #1 换流变网侧 29A6 甲接地刀闸机械位置指示三相确在合上位置

24. 断开 #1 换流变网侧端子箱 "29A6 甲地刀（QS12）操作总电源" 交流空开 ZKK31

25. 断开 #1 换流变网侧端子箱 "29A 开关（QF1）控制电源 I" 直流空开 DK11

26. 断开 #1 换流变网侧端子箱 "29A 开关（QF1）控制电源 II" 直流空开 DK12

27. 合上 #1 换流变网侧端子箱 "29A6 乙地刀（QS11）操作总电源" 交流空开 ZKK21

28. 在 220kV 工频发生器上试 220kV 验电器合格

29. 在 #1 换流变网侧 29A1 刀闸靠线路侧三相分别验电，查确无电压后即合上 220kV 彭园 I 路 29A6 乙接地刀闸

续表

30. 查 220kV 彭园 I 路 29A6 乙接地刀闸三相确已合上

31. 查 220kV 彭园 I 路 29A6 乙接地刀闸机械位置指示三相确在合上位置

32. 断开 #1 换流变网侧端子箱 "29A6 乙地刀（QS11）操作总电源" 交流空开 ZKK21

33. 在 #1 换流变网侧 29A1 刀闸操作机构箱上悬挂 "禁止合闸，线路有人工作" 标示牌

34. 查 ±320kV 浦岛极 I 线 0310 线路电压 Udl < 0.2kV

35. 合上浦岛直流极 I 线路 031067 接地刀闸

36. 查浦岛直流极 I 线路 031067 接地刀闸确已合上

37. 查浦岛直流极 I 线路 031067 接地刀闸机械位置指示确在合上位置

38. 在浦岛直流极 I 线路 03106 刀闸操作机构箱上悬挂 "禁止合闸，线路有人工作" 标示牌

39. 合上浦岛金属回线 004067 接地刀闸

40. 查浦岛金属回线 004067 接地刀闸确已合上

41. 查浦岛金属回线 004067 接地刀闸机械位置指示确在合上位置

42. 在金属回线 00406 刀闸操作机构箱上悬挂 "禁止合闸，线路有人工作" 标示牌

43. 合上中性母线 003007 接地刀闸

44. 查中性母线 003007 接地刀闸确已合上

45. 查中性母线 003007 接地刀闸机械位置指示确在合上位置

46. 合上大地回线转换开关 004007 接地刀闸

47. 查大地回线转换开关 004007 接地刀闸确已合上

48. 查大地回线转换开关 004007 接地刀闸机械位置指示确在合上位置

49. 断开金属回线端子箱 "003007 地刀（QS8）操作总电源" 交流空开 ZK11

50. 合上金属回线端子箱 "00406 刀闸（QS9）操作总电源" 交流空开 ZK21

51. 断开金属回线端子箱 "004067 地刀 (QS92) 操作总电源" 交流空开 ZK41

52. 断开金属回线端子箱 "004007 地刀（QS91）操作总电源" 交流空开 ZK31

53. 断开金属回线端子箱 "0040 开关（GRTS）控制电源 I" 直流空开 DK11

54. 断开金属回线端子箱 "0040 开关（GRTS）控制电源 II" 直流空开 DK12

55. 断开金属回线端子箱 "0030 开关（NBGS）控制电源 I" 直流空开 DK21

56. 断开金属回线端子箱 "0030 开关（NBGS）控制电源 II" 直流空开 DK22

57. 断开极 I 中性线端子箱 "000107 地刀（QS61）操作总电源" 交流空开 ZKK11

续表

58. 断开极 I 中性线端子箱 "00101 刀闸（QS6）操作总电源" 交流空开 ZKK21

59. 断开极 I 中性线端子箱 "001017 地刀（QS62）操作总电源" 交流空开 ZKK31

60. 断开极 I 中性线端子箱 "00102 刀闸（QS7）操作总电源" 交流空开 ZKK41

61. 断开极 I 中性线端子箱 "001027 地刀（QS71）操作总电源" 交流空开 ZKK51

62. 断开极 I 中性线端子箱 "0010 开关（NBS）控制电源 I" 直流空开 DK11

63. 断开极 I 中性线端子箱 "0010 开关（NBS）控制电源 II" 直流空开 DK12

64. 断开浦岛直流极 I 极线端子箱 "031007 地刀（QS51）操作总电源" 交流空开 ZKK11

65. 断开浦岛直流极 I 极线端子箱 "03106 刀闸（QS51）操作总电源" 交流空开 ZKK11

66. 断开浦岛直流极 I 极线端子箱 "031067 地刀（QS5）操作总电源" 交流空开 ZKK21

67. 断开 #1 换流阀阀厅端子箱 "030117 地刀（QS31）操作总电源" 交流空开 ZKK21

68. 断开 #1 换流阀阀厅端子箱 "030127 地刀（QS32）操作总电源" 交流空开 ZKK11

69. 断开 #1 换流阀阀厅端子箱 "030107 地刀（QS4）操作总电源" 交流空开 ZKK31

70. 打开极 I 桥臂电抗器室大门

71. 断开 #1 换流变阀侧端子箱 "0301A7 地刀（QS2）操作总电源" 交流空开 ZKK11

#1 换流器、220kV 彭园 I 路 29A 线路、±320kV 浦岛极 I 线 0310 线路、浦岛金属回线 0040 线路及中性母线由冷备用转检修

1. 合上 #1 换流变网侧端子箱 "28A6 甲地刀（QS12）操作总电源" 交流空开 ZKK31

2. 点击 "顺序控制" 界面

3. 点击极 I 顺序控制 "接地" 按钮

4. 查极 I 顺序控制 "接地" 按钮变为红色

5. 点击 "主接线" 界面

6. 查 #1 换流变网侧 28A6 甲接地刀闸三相确已合上

7. 查 #1 换流变阀侧 0301A7 接地刀闸三相确已合上

8. 查 #1 换流阀上桥臂 030117 接地刀闸三相确已合上

9. 查 #1 换流阀下桥臂 030127 接地刀闸三相确已合上

10. 查 #1 换流阀极线侧 030107 接地刀闸确已合上

11. 查 #1 换流阀中性线侧 000107 接地刀闸确已合上

12. 查极 I 极线平波电抗器 033007 接地刀闸确已合上

续表

13. 查极 I 中性线开关 001017 接地刀闸确已合上

14. 查极 I 中性线开关 001027 接地刀闸确已合上

15. 查图像监控系统 #1 换流变阀侧 0301A7 接地刀闸机械位置指示三相确在合上位置

16. 查图像监控系统 #1 换流阀上桥臂 030117 接地刀闸机械位置指示三相确已合上

17. 查图像监控系统 #1 换流阀下桥臂 030127 接地刀闸机械位置指示三相确已合上

18. 查图像监控系统 #1 换流阀极线侧 030107 接地刀闸机械位置指示确已合上

19. 查 #1 换流阀中性线侧 000107 接地刀闸机械位置指示三相确在合上位置

20. 查极 I 极线平波电抗器 033007 接地刀闸机械位置指示确在合上位置

21. 查极 I 中性线开关 001017 接地刀闸机械位置指示确在合上位置

22. 查极 I 中性线开关 001027 接地刀闸机械位置指示确在合上位置

23. 查 #1 换流变网侧 28A6 甲接地刀闸机械位置指示三相确在合上位置

24. 断开 #1 换流变网侧端子箱 "28A6 甲地刀（QS12）操作总电源" 交流空开 ZKK31

25. 断开 #1 换流变网侧端子箱 "28A 开关（QF1）控制电源 I" 直流空开 DK11

26. 断开 #1 换流变网侧端子箱 "28A 开关（QF1）控制电源 II" 直流空开 DK12

27. 合上 #1 换流变网侧端子箱 "28A6 乙地刀（QS11）操作总电源" 交流空开 ZKK21

28. 在 220kV 工频发生器上试 220kV 验电器合格

29. 在 #1 换流变网侧 28A1 刀闸靠线路侧三相分别验电，查确无电压后即合上 220kV 鹭湖 I 路 28A6 乙接地刀闸

30. 查 220kV 鹭湖 I 路 28A6 乙接地刀闸三相确已合上

31. 查 220kV 鹭湖 I 路 28A6 乙接地刀闸机械位置指示确在合上位置

32. 断开 #1 换流变网侧端子箱 "28A6 乙地刀（QS11）操作总电源" 交流空开 ZKK21

33. 在 #1 换流变网侧 28A1 刀闸操作机构箱上悬挂 "禁止合闸，线路有人工作" 标示牌

34. 查 ±320kV 浦岛极 I 线 0330 线路电压 $U_{dl} < 0.2$kV

35. 合上浦岛直流极 I 线路 033067 接地刀闸

36. 查浦岛直流极 I 线路 033067 接地刀闸确已合上

37. 查浦岛直流极 I 线路 033067 接地刀闸机械位置指示确在合上位置

38. 在浦岛直流极 I 线路 03306 刀闸操作机构箱上悬挂 "禁止合闸，线路有人工作" 标示牌

39. 合上浦岛金属回线 005067 接地刀闸

40. 查浦岛金属回线 005067 接地刀闸确已合上

41. 查浦岛金属回线 005067 接地刀闸机械位置指示确在合上位置

续表

42. 在浦岛金属回线 00506 刀闸操作机构箱上悬挂"禁止合闸，线路有人工作"标示牌
43. 断开极 I 中性线端子箱"000107 地刀（QS61）操作总电源"交流空开 ZKK11
44. 断开极 I 中性线端子箱"00101 刀闸（QS6）操作总电源"交流空开 ZKK21
45. 断开极 I 中性线端子箱"001017 地刀（QS62）操作总电源"交流空开 ZKK31
46. 断开极 I 中性线端子箱"00102 刀闸（QS7）操作总电源"交流空开 ZKK41
47. 断开极 I 中性线端子箱"001027 地刀（QS71）操作总电源"交流空开 ZKK51
48. 断开极 I 中性线端子箱"0010 开关（NBS）控制电源 I"直流空开 DK11
49. 断开极 I 中性线端子箱"0010 开关（NBS）控制电源 II"直流空开 DK12
50. 断开金属回线端子箱"00301 刀闸 (QS8) 操作总电源"交流空开 ZK11
51. 断开金属回线端子箱"00506 刀闸（QS9）操作总电源"交流空开 ZK21
52. 断开金属回线端子箱"005067 地刀 (QS92) 操作总电源"交流空开 ZK41
53. 断开浦岛直流极 I 极线端子箱"033007 地刀（QS51）操作总电源"交流空开 ZKK11
54. 断开浦岛直流极 I 极线端子箱"03306 刀闸（QS5）操作总电源"交流空开 ZKK21
55. 断开浦岛直流极 I 极线端子箱"033067 地刀（QS52）操作总电源"交流空开 ZKK31
56. 断开 #1 换流阀阀厅端子箱"030117 地刀（QS31）操作总电源"交流空开 ZKK21
57. 断开 #1 换流阀阀厅端子箱"030127 地刀（QS32）操作总电源"交流空开 ZKK11
58. 断开 #1 换流阀阀厅端子箱"030107 地刀（QS4）操作总电源"交流空开 ZKK31
59. 打开极 I 桥臂电抗器室大门
60. 断开 #1 换流变阀侧端子箱"0301A7 地刀（QS2）操作总电源"交流空开 ZKK11

18.3.2　无功补偿方式停送电

18.3.2.1　换流器由检修转无功补偿方式运行

1. 典型调度操作票指令

操作目的	鹭岛换流站 #1 换流器由检修转无功补偿方式启动（另一极停运）			
接令单位	操作步骤	操作厂站	操作指令	备注
厦门地调	△	湖边站	汇报：×××工作结束，×××可以送电	汇报工作结束
检修公司	△	鹭岛站	汇报：×××工作结束，×××可以送电	

续表

接令单位	操作步骤	操作厂站	操作指令	备注
厦门地调	1	湖边站	220kV 鹭湖Ⅰ路 231 线路由检修转冷备用	各站设备由检修改为冷备用
检修公司	1	鹭岛站	#1 换流器、220kV 鹭湖Ⅰ路 28A 线路由检修转冷备用	
厦门地调、检修公司	△		待令	
检修公司	2	鹭岛站	鹭岛站接地极由冷备用转运行	接地极投入
检修公司	3	鹭岛站	#1 换流器由冷备用转热备用（220kV 鹭湖Ⅰ路 28A 线路转运行）	操作前确定极Ⅰ的运行方式为"STATCOM 运行"，极Ⅰ的控制方式为"无功控制"；完成极ⅠSTATCOM 接线方式；操作结束确认"连接"、"极ⅠSTATCOM""RFE"标识变红，极Ⅰ允许充电
省调	△	鹭岛站	汇报：鹭岛站接地极已投入，#1 换流器允许充电	
厦门地调	2	湖边站	220kV 鹭湖Ⅰ路 231 线路由冷备用转接Ⅰ段母线充电运行	对极Ⅰ进行充电
检修公司	4	鹭岛站	#1 换流器由热备用转无功补偿方式运行（鹭岛站无功送出 MVar）	待 #1 换流器由经启动电阻充电运行自动转经旁路开关充电运行后，"带电""RFO"标识随之变红，即可进行 #1 换流器解锁运行，解锁运行后方可输入功率整定值和上升速率

注："△"表示汇报项或待令项。

2. 典型操作票

#1 换流器、220kV 鹭湖Ⅰ路 28A 线路由检修转冷备用

1. 查极Ⅰ 380V Ⅰ段 #7 馈线柜"极Ⅰ穿墙套管电动葫芦 4"J1Ⅰ M-7J 空开确在断开位置

2. 查极Ⅰ 380V Ⅰ段 #7 馈线柜"极Ⅰ穿墙套管电动葫芦 3"J1Ⅰ M-7I 空开确在断开位置

3. 查极Ⅰ 380V Ⅰ段 #7 馈线柜"极Ⅰ穿墙套管电动葫芦 2"J1Ⅰ M-7H 空开确在断开位置

4. 查极Ⅰ 380V Ⅰ段 #7 馈线柜"极Ⅰ穿墙套管电动葫芦 1"J1Ⅰ M-7G 空开确在断开位置

5. 查极Ⅰ 380V Ⅰ段 #7 馈线柜"平波电抗器起重机（极Ⅰ直流场）"J1Ⅰ M-7F 空开确在断开位置

6. 查极Ⅰ 380V Ⅱ段 #7 馈线柜"极Ⅰ穿墙套管电动葫芦 7"J1Ⅱ M-7H 空开确在断开位置

7. 查极Ⅰ 380V Ⅱ段 #7 馈线柜"极Ⅰ穿墙套管电动葫芦 6"J1Ⅱ M-7G 空开确在断开位置

续表

8. 查极Ⅰ 380V Ⅱ段 #7 馈线柜"极Ⅰ穿墙套管电动葫芦 5"J1 Ⅱ M-7F 空开确在断开位置

9. 查极Ⅰ 380V Ⅱ段 #7 馈线柜"起重机(极Ⅰ桥臂电抗器室)"J1 Ⅱ M-7E 空开确在断开位置

10. 查极Ⅰ 380V Ⅱ段 #7 馈线柜"悬挂起重机(极Ⅰ直流场)"J1 Ⅱ M-7D 空开确在断开位置

11. 合上 #1 换流变网侧端子箱"28A 开关(QF1)控制电源Ⅰ"直流空开 DK11

12. 合上 #1 换流变网侧端子箱"28A 开关(QF1)控制电源Ⅱ"直流空开 DK12

13. 合上 #1 换流变网侧端子箱"28A6 甲地刀(QS12)操作总电源"交流空开 ZKK31

14. 合上 #1 换流变阀侧端子箱"0301A7 地刀(QS2)操作总电源"交流空开 ZKK11

15. 关上极Ⅰ桥臂电抗器室大门

16. 合上 #1 换流阀阀厅端子箱"030117 地刀(QS31)操作总电源"交流空开 ZKK21

17. 合上 #1 换流阀阀厅端子箱"030127 地刀(QS32)操作总电源"交流空开 ZKK11

18. 合上 #1 换流阀阀厅端子箱"030107 地刀(QS4)操作总电源"交流空开 ZKK31

19. 合上金属回线端子箱"00301 刀闸(QS8)操作总电源"交流空开 ZK11

20. 合上极Ⅰ中性线端子箱"0010 开关(NBS)控制电源Ⅰ"直流空开 DK11

21. 合上极Ⅰ中性线端子箱"0010 开关(NBS)控制电源Ⅱ"直流空开 DK12

22. 合上极Ⅰ中性线端子箱"000107 地刀(QS61)操作总电源"交流空开 ZKK11

23. 合上极Ⅰ中性线端子箱"00101 刀闸(QS6)操作总电源"交流空开 ZKK21

24. 合上极Ⅰ中性线端子箱"001017 地刀(QS62)操作总电源"交流空开 ZKK31

25. 合上极Ⅰ中性线端子箱"00102 刀闸(QS7)操作总电源"交流空开 ZKK41

26. 合上极Ⅰ中性线端子箱"001027 地刀(QS71)操作总电源"交流空开 ZKK51

27. 合上浦岛直流极Ⅰ极线端子箱"033007 地刀(QS51)操作总电源"交流空开 ZKK11

28. 点击"顺序控制"界面

29. 点击极Ⅰ顺序控制"未接地"按钮

30. 查极Ⅰ顺序控制"未接地"按钮变为红色

31. 点击"主接线"界面

32. 查 #1 换流变网侧 28A6 甲接地刀闸三相确已断开

33. 查 #1 换流变阀侧 0301A7 接地刀闸三相确已断开

34. 查 #1 换流阀上桥臂 030117 接地刀闸三相确已断开

续表

35. 查 #1 换流阀下桥臂 030127 接地刀闸三相确已断开

36. 查 #1 换流阀极线侧 030107 接地刀闸确已断开

37. 查 #1 换流阀中性线侧 000107 接地刀闸确已断开

38. 查极 I 极线平波电抗器 033007 接地刀闸确已断开

39. 查极 I 中性线开关 001017 接地刀闸确已断开

40. 查极 I 中性线开关 001027 接地刀闸确已断开

41. 查图像监控系统 #1 换流变阀侧 0301A7 接地刀闸机械位置指示三相确在断开位置

42. 查图像监控系统 #1 换流阀上桥臂 030117 接地刀闸机械位置指示三相确在断开位置

43. 查图像监控系统 #1 换流阀下桥臂 030127 接地刀闸机械位置指示三相确在断开位置

44. 查图像监控系统 #1 换流阀极线侧 030107 接地刀闸机械位置指示确在断开位置

45. 查 #1 换流阀中性线侧 000107 接地刀闸机械位置指示确在断开位置

46. 查极 I 极线平波电抗器 033007 接地刀闸机械位置指示确在断开位置

47. 查极 I 中性线开关 001017 接地刀闸机械位置指示确在断开位置

48. 查极 I 中性线开关 001027 接地刀闸机械位置指示确在断开位置

49. 查 #1 换流变网侧 28A6 甲接地刀闸机械位置指示三相确在断开位置

50. 断开 #1 换流变网侧端子箱 "28A6 甲地刀（QS12）操作总电源" 交流空开 ZKK31

51. 拆除 #1 换流变网侧 28A1 刀闸操作机构箱上 "禁止合闸，线路有人工作！" 标示牌

52. 合上 #1 换流变网侧端子箱 "28A6 乙地刀（QS11）操作总电源" 交流空开 ZKK21

53. 断开 220kV 鹭湖 I 路 28A6 乙接地刀闸

54. 查 220kV 鹭湖 I 路 28A6 乙接地刀闸三相确已断开

55. 查 220kV 鹭湖 I 路 28A6 乙接地刀闸机械位置指示三相确在断开位置

56. 断开 #1 换流变网侧端子箱 "28A6 乙地刀（QS11）操作总电源" 交流空开 ZKK21

备注：

1. 1~10 项查所有行车电源确在断开，只适用于年检时，若是停电消缺则不必查所有电源均断开，有动用到行车的房间才必须查。

2. 需要注意所有地线已经拆除后方可进行送电操作。

鹭岛站接地极由冷备用转运行

1. 点击"主接线"界面

2. 合上接地极电流测量装置 00301 刀闸

3. 查接地极电流测量装置 00301 刀闸确已合上

4. 查接地极电流测量装置 00301 刀闸机械位置指示确在合上位置

#1 换流器由冷备用转热备用（220kV 鹭湖Ⅰ路 28A 线路转运行）

1. 查 #1 换流变网侧 28A 启动电阻旁路开关三相确已断开

2. 合上 #1 换流变网侧端子箱"28A1 刀闸（QS1）操作总电源"交流空开 ZKK11

3. 查极Ⅰ中性线 0010 开关三相确已断开

4. 点击"顺序控制"界面

5. 点击极Ⅰ运行方式"STATCOM 运行"按钮

6. 查极Ⅰ运行方式"STATCOM 运行"按钮变为红色

7. 查极Ⅰ控制方式"直流电压控制"按钮为红色

8. 查控制方式"无功控制"按钮为红色

9. 查极Ⅰ顺序控制"断电"状态指示为红色

10. 查极Ⅰ顺序控制"允许"状态指示为红色

11. 点击极Ⅰ顺序控制"连接"按钮

12. 查极Ⅰ顺序控制"连接"按钮变为红色

13. 查极Ⅰ顺序控制"RFE"状态指示为红色

14. 点击"主接线"界面

15. 查 #1 换流变网侧 28A1 刀闸三相确已合上

16. 查极Ⅰ中性线 00101 刀闸确已合上

17. 查极Ⅰ中性线 00102 刀闸确已合上

18. 查极Ⅰ中性线 0010 开关确已合上

19. 查 #1 换流变网侧 28A1 刀闸机械位置指示三相确在合上位置

20. 断开 #1 换流变网侧端子箱"28A1 刀闸（QS1）操作总电源"交流空开 ZKK11

21. 查极Ⅰ中性线 00101 刀闸机械位置指示确在合上位置

22. 查极Ⅰ中性线 00102 刀闸机械位置指示确在合上位置

23. 查极Ⅰ中性线 0010 开关机械位置指示确在合上位置

#1 换流器由热备用转无功补偿方式运行（鹭岛站无功送出＿MVar）

1. 查 #1 换流变网侧 28A 启动电阻旁路开关三相确已合上

2. 点击"主接线"界面

3. 查 220kV 湖边变电站 220kV 鹭湖Ⅰ路 231 开关遥信指示三相确在合上位置

4. 查极Ⅰ"换流变分接头控制"为"自动"，并显示红色

5. 点击"顺序控制"界面

6. 查极Ⅰ顺序控制"带电"状态指示为红色

7. 查极Ⅰ顺序控制"RFO"状态指示为红色

8. 点击极Ⅰ顺序控制"运行"按钮

9. 查击极Ⅰ顺序控制"运行"按钮变为红色

10. 查极Ⅰ直流电压（U_{dl}=＿kV）

11. 查极Ⅰ交流电压（U_s=＿kV）

12. 点击控制方式"无功控制"按钮

13. 在弹出的"无功控制"界面输入速率为 ＿＿＿MVar/min，整定值为 ＿＿＿MVar

14. 查 #1 换流器无功功率上升正常

15. 查 #1 换流器无功功率为 ＿＿＿ MVar

18.3.2.2　换流器由无功补偿方式运行转检修

1. 典型调度操作票指令

操作目的	鹭岛换流站 #1 换流器由无功补偿方式运行转检修（另一极停运）				
接令单位	操作步骤	操作厂站	操作指令	备注	
检修公司	1	鹭岛站	#1 换流器由无功补偿方式运行转热备用（鹭岛站无功送出 0 MVar ）	停运前应先把"无功控制"站拟停运的 #1 换流器无功功率降至 0 后再闭锁	
厦门地调	1	湖边站	220kV 鹭湖Ⅰ路 231 线路由充电运行转冷备用		
检修公司	2	鹭岛站	#1 换流器由热备用转冷备用（220kV 鹭湖Ⅰ路 28A 线路转冷备用）	"断电""允许"标识变红后，即可进行极Ⅰ的隔离操作（顺控时会自动断开 #1 换流器启动电阻旁路开关）	
检修公司	3	鹭岛站	鹭岛站接地极由运行转冷备用	接地极冷备用	

续表

接令单位	操作步骤	操作厂站	操作指令	备注
厦门地调、检修公司	△		待令	
检修公司	4	鹭岛站	#1换流器、220kV鹭湖Ⅰ路28A线路、±320kV浦岛极Ⅰ线0330线路、浦岛金属回线0050线路由冷备用转检修	各站设备由冷备用改为检修
厦门地调	2	湖边站	220kV鹭湖Ⅰ路231线路由冷备用转检修	

注:"△"表示汇报项或待令项。

2. 典型操作票

#1换流器由无功补偿方式运行转热备用（鹭岛站无功送出 0 MVar）

1. 点击"顺序控制"界面

2. 点击控制方式"无功控制"按钮

3. 在弹出的"无功控制"界面输入速率为____Mvar/min，整定值为____Mvar

4. 查#1换流器无功功率下降正常

5. 查#1换流器无功功率为____Mvar

6. 点击极Ⅰ顺序控制"停运"按钮

7. 查极Ⅰ顺序控制"停运"按钮为红色

#1换流器由热备用转冷备用（220kV鹭湖Ⅰ路28A线路转冷备用）

1. 合上#1换流变网侧端子箱"28A1刀闸（QS1）操作总电源"交流空开ZKK11

2. 点击"主接线"界面

3. 查220kV湖边变电站220kV鹭湖Ⅰ路231开关遥信指示三相确在断开位置

4. 点击"顺序控制"界面

5. 查极Ⅰ顺序控制"断电"状态指示为红色

6. 查极Ⅰ顺序控制"允许"状态指示为红色

7. 点击极Ⅰ顺序控制"隔离"按钮

续表

8. 查极 I 顺序控制"隔离"按钮为红色
9. 点击"主接线"界面
10. 查 #1 换流变网侧 28A 启动电阻旁路开关三相确已断开
11. 查极 I 中性线 0010 开关确已断开
12. 查极 I 中性线 00101 刀闸确已断开
13. 查极 I 中性线 00102 刀闸确已断开
14. 查 #1 换流变网侧 28A1 刀闸三相确已断开
15. 查 #1 换流变网侧 28A 启动电阻旁路开关机械指示三相确在断开位置
16. 查 #1 换流变网侧 28A1 刀闸确机械位置指示三相确在断开位置
17. 断开 #1 换流变网侧端子箱"28A1 刀闸（QS1）操作总电源"交流空开 ZKK11
18. 查极 I 中性线 0010 开关机械位置指示确在断开位置
19. 查极 I 中性线 00101 刀闸机械位置指示确在断开位置
20. 查极 I 中性线 00102 刀闸机械位置指示确在断开位置

鹭岛站接地极由运行转冷备用
1. 点击"主接线"界面
2. 断开接地极电流测量装置 00301 刀闸
3. 查接地极电流测量装置 00301 刀闸确已断开
4. 查接地极电流测量装置 00301 刀闸机械位置指示确在断开位置

#1 换流器、220kV 鹭湖 I 路 28A 线路、±320kV 浦岛极 I 线 0330 线路、浦岛金属回线 0050 线路由冷备用转检修
1. 点击极 I 顺序控制 "接地"按钮
2. 查极 I "接地"按钮变为红色
3. 点击"主接线"界面
4. 查 #1 换流变网侧 28A6 甲接地刀闸三相确已合上
5. 查 #1 换流变阀侧 0301A7 接地刀闸三相确已合上
6. 查 #1 换流阀上桥臂 030117 接地刀闸三相确已合上

7. 查 #1 换流阀下桥臂 030127 接地刀闸三相确已合上

8. 查 #1 换流阀极线侧 030107 接地刀闸确已合上

9. 查 #1 换流阀中性线侧 000107 接地刀闸确已合上

10. 查极 I 极线平波电抗器 033007 接地刀闸确已合上

11. 查极 I 中性线开关 001017 接地刀闸确已合上

12. 查极 I 中性线开关 001027 接地刀闸确已合上

13. 查图像监控系统 #1 换流变阀侧 0301A7 接地刀闸三相机械位置指示确在合上位置

14. 查图像监控系统 #1 换流阀上桥臂 030117 接地刀闸机械位置指示三相确在合上位置

15. 查图像监控系统 #1 换流阀下桥臂 030127 接地刀闸机械位置指示三相确在合上位置

16. 查图像监控系统 #1 换流阀极线侧 030107 接地刀闸机械位置指示确在合上位置

17. 查 #1 换流阀中性线侧 000107 接地刀闸机械位置指示确在合上位置

18. 查极 I 中性线开关 001017 接地刀闸机械位置指示确在合上位置

19. 查极 I 中性线开关 001027 接地刀闸机械位置指示确在合上位置

20. 查极 I 极线平波电抗器 033007 接地刀闸机械位置指示确在合上位置

21. 查极 I 中性线开关 001017 接地刀闸机械位置指示确在合上位置

22. 查极 I 中性线开关 001027 接地刀闸机械位置指示确在合上位置

23. 查 #1 换流变网侧 28A6 甲接地刀闸三相机械位置指示确在合上位置

24. 断开 #1 换流变网侧端子箱"28A6 甲地刀（QS12）操作总电源"交流空开 ZKK31

25. 断开 #1 换流变网侧端子箱"28A 开关（QF1）控制电源 I"直流空开 DK11

26. 断开 #1 换流变网侧端子箱"28A 开关（QF1）控制电源 II"直流空开 DK12

27. 合上 #1 换流变网侧端子箱"28A6 乙地刀（QS11）操作总电源"交流空开 ZKK21

28. 在 220kV 工频发生器上试 220kV 验电器合格

29. 在 #1 换流变网侧 28A1 刀闸靠线路侧三相分别验电，查确无电压后即合上 220kV 鹭湖 I 路 28A6 乙接地刀闸

30. 查 220kV 鹭湖 I 路 28A6 乙接地刀闸三相确已合上

31. 查 220kV 鹭湖 I 路 28A6 乙接地刀闸机械位置指示三相确在合上位置

32. 断开 #1 换流变网侧端子箱"28A6 乙地刀（QS11）操作总电源"交流空开 ZKK21

33. 在 #1 换流变网侧 28A1 刀闸操作机构箱上悬挂"禁止合闸，线路有人工作！"标示牌

34. 合上浦岛直流极 I 线路 033067 接地刀闸

续表

35. 查浦岛直流极 Ⅰ 线路 033067 接地刀闸确已合上

36. 查浦岛直流极 Ⅰ 线路 033067 接地刀闸机械位置指示确在合上位置

37. 断开浦岛直流极 Ⅰ 极线端子箱"033067 地刀（QS52）操作总电源"交流空开 ZKK31

38. 在浦岛直流极 Ⅰ 线 03306 刀闸操作机构箱上悬挂"禁止合闸，线路有人工作！"标示牌

39. 合上浦岛金属回线 005067 接地刀闸

40. 查浦岛金属回线 005067 接地刀闸确已合上

41. 查浦岛金属回线 005067 接地刀闸机械位置指示确在合上位置

42. 在浦岛金属回线 00506 刀闸操作机构箱上悬挂"禁止合闸，线路有人工作！"标示牌

43. 断开金属回线端子箱"00301 刀闸 (QS8）操作总电源"交流空开 ZK11

44. 断开金属回线端子箱"00506 刀闸（QS9）操作总电源"交流空开 ZK21

45. 断开金属回线端子箱"005067 地刀 (QS92）操作总电源"交流空开 ZK41

46. 断开浦岛直流极 Ⅰ 极线端子箱"033007 地刀（QS51）操作总电源"交流空开 ZKK11

47. 断开浦岛直流极 Ⅰ 极线端子箱"03306 刀闸（QS5）操作总电源"交流空开 ZKK21

48. 断开浦岛直流极 Ⅰ 极线端子箱"033067 地刀（QS52）操作总电源"交流空开 ZKK31

49. 断开极 Ⅰ 中性线端子箱"000107 地刀（QS61）操作总电源"交流空开 ZKK11

50. 断开极 Ⅰ 中性线端子箱"00101 刀闸（QS6）操作总电源"交流空开 ZKK21

51. 断开极 Ⅰ 中性线端子箱"001017 地刀（QS62）操作总电源"交流空开 ZKK31

52. 断开极 Ⅰ 中性线端子箱"00102 刀闸（QS7）操作总电源"交流空开 ZKK41

53. 断开极 Ⅰ 中性线端子箱"001027 地刀（QS71）操作总电源"交流空开 ZKK51

54. 断开极 Ⅰ 中性线端子箱"0010 开关（NBS）控制电源 Ⅰ"直流空开 DK11

55. 断开极 Ⅰ 中性线端子箱"0010 开关（NBS）控制电源 Ⅱ"直流空开 DK12

56. 断开 #1 换流阀阀厅端子箱"030117 地刀（QS31）操作总电源"交流空开 ZKK21

57. 断开 #1 换流阀阀厅端子箱"030127 地刀（QS32）操作总电源"交流空开 ZKK11

58. 断开 #1 换流阀阀厅端子箱"030107 地刀（QS4）操作总电源"交流空开 ZKK31

59. 打开极 Ⅰ 桥臂电抗器室大门

60. 断开 #1 换流变阀侧端子箱"0301A7 地刀（QS2）操作总电源"交流空开 ZKK11

18.3.2.3 换流器由检修转无功补偿方式运行

1.调度操作票指令

操作目的	鹭岛换流站 #2 换流器由检修转无功补偿方式启动（另一极停运）			
接令单位	操作步骤	操作厂站	操作指令	备注
厦门地调	△	湖边站	汇报：×××工作结束，×××可以送电	汇报工作结束
检修公司	△	鹭岛站	汇报：×××工作结束，×××可以送电	
厦门地调	1	湖边站	220kV 鹭湖Ⅱ路 236 线路由检修转冷备用	各站设备由检修改为冷备用
检修公司	1	鹭岛站	#2 换流器、220kV 鹭湖Ⅱ路 28B 线路由检修转冷备用	
厦门地调、检修公司	△		待令	
检修公司	2	鹭岛站	鹭岛站接地极由冷备用转运行	接地极投入
检修公司	3	鹭岛站	#2 换流器由冷备用转热备用（220kV 鹭湖Ⅱ路 28B 线路转运行）	操作前确定极Ⅱ的运行方式为"STATCOM 运行"，极Ⅱ的控制方式为"无功控制"；完成极Ⅱ STATCOM 接线方式；操作结束确认"连接""极Ⅱ STATCOM""RFE"标识变红，极Ⅱ允许充电
省调	△	鹭岛站	汇报：鹭岛站接地极已投入，#2 换流器允许充电	
厦门地调	2	湖边站	220kV 鹭湖Ⅱ路 236 线路由冷备用转接Ⅱ段母线充电运行	对极Ⅱ进行充电
检修公司	4	鹭岛站	#2 换流器由热备用转无功补偿方式运行（鹭岛站无功送出____MVar）	待 #2 换流器由经启动电阻充电运行自动转经旁路开关充电运行后，"带电""RFO"标识随之变红，即可进行 #2 换流器解锁运行，解锁运行后方可输入功率整定值和上升速率

注："△"表示汇报项或待令项。

2.典型操作票

#2 换流器、220kV 鹭湖Ⅱ路 28B 线路由检修转冷备用
1. 查极Ⅱ 380V Ⅰ段 #7 馈线柜"极Ⅱ穿墙套管电动葫芦 4"J2 Ⅰ M-7J 空开确在断开位置
2. 查极Ⅱ 380V Ⅰ段 #7 馈线柜"极Ⅱ穿墙套管电动葫芦 3"J2 Ⅰ M-7I 空开确在断开位置
3. 查极Ⅱ 380V Ⅰ段 #7 馈线柜"极Ⅱ穿墙套管电动葫芦 2"J2 Ⅰ M-7H 空开确在断开位置
4. 查极Ⅱ 380V Ⅰ段 #7 馈线柜"极Ⅱ穿墙套管电动葫芦 1"J2 Ⅰ M-7G 空开确在断开位置

续表

5. 查极 Ⅱ 380V Ⅰ 段 #7 馈线柜"平波电抗器起重机（极 Ⅱ 直流场）"J2 Ⅰ M-7F 空开确在断开位置
6. 查极 Ⅱ 380V Ⅱ 段 #7 馈线柜"极 Ⅱ 穿墙套管电动葫芦 7"J2 Ⅱ M-7H 空开确在断开位置
7. 查极 Ⅱ 380V Ⅱ 段 #7 馈线柜"极 Ⅱ 穿墙套管电动葫芦 6"J2 Ⅱ M-7G 空开确在断开位置
8. 查极 Ⅱ 380V Ⅱ 段 #7 馈线柜"极 Ⅱ 穿墙套管电动葫芦 5"J2 Ⅱ M-7F 空开确在断开位置
9. 查极 Ⅱ 380V Ⅱ 段 #7 馈线柜"起重机（极 Ⅱ 桥臂电抗器室）"J2 Ⅱ M-7E 空开确在断开位置
10. 查极 Ⅱ 380V Ⅱ 段 #7 馈线柜"悬挂起重机（极 Ⅱ 直流场）"J2 Ⅱ M-7D 空开确在断开位置
11. 合上 #2 换流变网侧端子箱"28B 开关（QF1）控制电源 Ⅰ"直流空开 DK11
12. 合上 #2 换流变网侧端子箱"28B 开关（QF1）控制电源 Ⅱ"直流空开 DK12
13. 合上 #2 换流变网侧端子箱"28B6 甲地刀（QS12）操作总电源"交流空开 ZKK31
14. 合上 #2 换流变阀侧端子箱"0302B7 地刀（QS2）操作总电源"交流空开 ZKK11
15. 关上极 Ⅱ 桥臂电抗器室大门
16. 合上 #2 换流阀阀厅端子箱"030217 地刀（QS32）操作总电源"交流空开 ZKK21
17. 合上 #2 换流阀阀厅端子箱"030227 地刀（QS31）操作总电源"交流空开 ZKK11
18. 合上 #2 换流阀阀厅端子箱"030207 地刀（QS4）操作总电源"交流空开 ZKK31
19. 合上极 Ⅱ 中性线端子箱"0020 开关（NBS）控制电源 Ⅰ"直流空开 DK11
20. 合上极 Ⅱ 中性线端子箱"0020 开关（NBS）控制电源 Ⅱ"直流空开 DK12
21. 合上极 Ⅱ 中性线端子箱"000207 地刀（QS61）操作总电源"交流空开 ZKK11
22. 合上极 Ⅱ 中性线端子箱"00101 刀闸（QS6）操作总电源"交流空开 ZKK21
23. 合上极 Ⅱ 中性线端子箱"001017 地刀（QS62）操作总电源"交流空开 ZKK31
24. 合上极 Ⅱ 中性线端子箱"00102 刀闸（QS7）操作总电源"交流空开 ZKK41
25. 合上极 Ⅱ 中性线端子箱"002027 地刀（QS71）操作总电源"交流空开 ZKK51
26. 合上浦岛直流极 Ⅱ 极线端子箱"034007 地刀（QS51）操作总电源"交流空开 ZKK11
27. 合上金属回线端子箱"00301 刀闸 (QS8）操作总电源"交流空开 ZKK11
28. 点击"顺序控制"界面
29. 点击极 Ⅱ 顺序控制"未接地"按钮
30. 查极 Ⅱ 顺序控制"未接地"按钮变为红色
31. 点击"主接线"界面

续表

32. 查 #2 换流变网侧 28B6 甲接地刀闸三相确已断开

33. 查 #2 换流变阀侧 0302B7 接地刀闸三相确已断开

34. 查 #2 换流阀上桥臂 030227 接地刀闸三相确已断开

35. 查 #2 换流阀下桥臂 030217 接地刀闸三相确已断开

36. 查 #2 换流阀极线侧 030207 接地刀闸确已断开

37. 查 #2 换流阀中性线侧 000207 接地刀闸确已断开

38. 查极 II 极线平波电抗器 034007 接地刀闸确已断开

39. 查极 II 中性线开关 002017 接地刀闸确已断开

40. 查极 II 中性线开关 002027 接地刀闸确已断开

41. 查图像监控系统 #2 换流变阀侧 0302B7 接地刀闸机械位置指示三相确在断开位置

42. 查图像监控系统 #2 换流阀上桥臂 030227 接地刀闸机械位置指示三相确在断开位置

43. 查图像监控系统 #2 换流阀下桥臂 030217 接地刀闸机械位置指示三相确在断开位置

44. 查图像监控系统 #2 换流阀极线侧 030207 接地刀闸机械位置指示确在断开位置

45. 查 #2 换流阀中性线侧 000207 接地刀闸机械位置指示确在断开位置

46. 查极 II 极线平波电抗器 034007 接地刀闸机械位置指示确在断开位置

47. 查极 II 中性线开关 002017 接地刀闸机械位置指示确在断开位置

48. 查极 II 中性线开关 002027 接地刀闸机械位置指示确在断开位置

49. 查 #1 换流变网侧 28B6 甲接地刀闸机械位置指示三相确在断开位置

50. 断开 #2 换流变网侧端子箱 "28B6 甲地刀（QS12）操作总电源" 交流空开 ZKK31

51. 拆除 #2 换流变网侧 28B1 刀闸操作机构箱上 "禁止合闸，线路有人工作！" 标示牌

52. 合上 #2 换流变网侧端子箱 "28B6 乙地刀（QS12）操作总电源" 交流空开 ZKK21

53. 断开 220kV 鹭湖 II 路 28B6 乙接地刀闸

54. 查 220kV 鹭湖 II 路 28B6 乙接地刀闸三相确已断开

55. 查 220kV 鹭湖 II 路 28B6 乙接地刀闸机械位置指示三相确在断开位置

56. 断开 #2 换流变网侧端子箱 "28B6 乙地刀（QS12）操作总电源" 交流空开 ZKK21

备注：

1. 1~10 项查所有行车电源确在断开，只适用于年检时，若是停电消缺则不必查所有电源均断开，有动用到行车的房间才必须查。

2. 需要注意所有地线已经拆除后方可进行送电操作。

鹭岛站接地极由冷备用转运行

1. 点击"主接线"界面

2. 合上接地极电流测量装置 00301 刀闸

3. 查接地极电流测量装置 00301 刀闸确已合上

4. 查接地极电流测量装置 00301 刀闸机械位置指示确在合上位置

#2 换流器由冷备用转热备用（220kV 鹭湖Ⅱ路 28B 线路转运行）

1. 查 #2 换流变网侧 28B 启动电阻旁路开关三相确已断开

2. 合上 #2 换流变网侧端子箱"28B1 刀闸（QS1）操作总电源"交流空开 ZKK11

3. 查极Ⅱ中性线 0020 开关确已断开

4. 点击"顺序控制"界面

5. 点击极Ⅱ运行方式"STATCOM 运行"按钮

6. 查极Ⅱ运行方式"STATCOM 运行"按钮为红色

7. 查极Ⅱ控制方式"直流电压控制"按钮为红色

8. 查控制方式"无功控制"按钮为红色

9. 查极Ⅱ顺序控制"断电"状态指示为红色

10. 查极Ⅱ顺序控制"允许"状态指示为红色

11. 点击极Ⅱ顺序控制"连接"按钮

12. 查极Ⅱ顺序控制"连接"按钮为红色

13. 查极Ⅱ顺序控制"RFE"状态指示为红色

14. 查接线方式"极Ⅱ STATCOM"状态指示为红色

15. 点击"主接线"界面

16. 查 #2 换流变网侧 28B1 刀闸三相确已合上

17. 查极Ⅱ中性线 00201 刀闸确已合上

18. 查极Ⅱ中性线 00202 刀闸确已合上

19. 查极Ⅱ中性线 0020 开关确已合上

20. 查 #2 换流变网侧 28B1 刀闸机械位置指示三相确在合上位置

21. 断开 #2 换流变网侧端子箱"28B1 刀闸（QS1）操作总电源"交流空开 ZKK11

22. 查极Ⅱ中性线 00201 刀闸机械位置指示确在合上位置

23. 查极Ⅱ中性线 00202 刀闸机械位置指示确在合上位置

24. 查极Ⅱ中性线 0020 开关机械位置指示确在合上位置

#2 换流器由热备用转无功补偿方式运行（鹭岛站无功送出____MVar）
1. 查 #2 换流变网侧 28B 启动电阻旁路开关三相确已合上
2. 点击"主接线"界面
3. 查 220kV 湖边变电站 220kV 鹭湖Ⅱ路 236 开关遥信指示三相确在合上位置
4. 查"#2 换流变分接头控制"为"自动"，并显示红色
5. 点击"顺序控制"界面
6. 查极Ⅱ顺序控制"带电"状态指示为红色
7. 查极Ⅱ顺序控制"RFO"状态指示为红色
8. 点击极Ⅱ顺序控制"运行"按钮
9. 查击极Ⅱ顺序控制"运行"按钮为红色
10. 查极Ⅱ直流电压（U_{dl}=__kV）
11. 查极Ⅱ交流电压（U_s=__kV）
12. 点击控制方式"无功控制"按钮
13. 在弹出的"无功控制"界面输入速率为____MVar/min，整定值为____MVar
14. 查 #2 换流器无功功率由上升正常
15. 查 #2 换流器无功功率____MVar

18.3.3 以空载加压试验方式检查设备

1. 典型调度操作票指令

操作目的	鹭岛换流站 #1 换流器由检修转不带线路空载加压试验方式运行，空载加压试验正常后转冷备用（另一极停运）			
接令单位	操作步骤	操作厂站	操作指令	备注
厦门地调	△	湖边站	汇报：×××工作结束，×××可以送电	
检修公司	△	鹭岛站	汇报：×××工作结束，鹭岛站极Ⅱ冷备用（或检修状态），#1 换流器可以不带线路空载加压试验方式运行	汇报工作结束
检修公司	△	浦园站	汇报：浦园换流站非"空载加压"试验方式	汇报对站为非"空载加压"试验方式
厦门地调	1	湖边站	220kV 鹭湖Ⅰ路 231 线路由检修转冷备用	各站设备由检修改为冷备用
检修公司	1	鹭岛站	#1 换流器、220kV 鹭湖Ⅰ路 28A 线路由检修转冷备用	

续表

接令单位	操作步骤	操作厂站	操作指令	备注
厦门地调、检修公司	△		待令	
检修公司	2	鹭岛站	鹭岛站接地极由冷备用转运行	接地极投入
检修公司	3	鹭岛站	#1 换流器由冷备用转热备用（220kV 鹭湖 I 路 28A 线路转运行，±320kV 浦岛极 I 线 0330 线路冷备用）	操作前确定极 I 的运行方式为"空载加压"，极 I 的控制方式为"交流电压控制"或"无功控制"；完成极 I 空载加压试验接线方式；操作结束确认"连接""RFE"标识变红，极 I 允许充电
省调	△	鹭岛站	汇报：鹭岛站接地极已投入，#1 换流器允许充电	
厦门地调	2	湖边站	220kV 鹭湖 I 路 231 线路由冷备用转接 I 段母线充电运行	对极 I 进行充电
检修公司	4	鹭岛站	#1 换流器由热备用转不带线路空载加压试验方式运行（直流电压输出__kV，持续__分钟）	待 #1 换流器由经启动电阻充电运行自动转经旁路开关充电运行后，"带电""RF0"标识随之变红，即可进行 #1 换流器解锁运行
省调	△	鹭岛站	汇报：鹭岛站 #1 换流器不带线路空载加压试验结束	
检修公司	5	鹭岛站	#1 换流器由不带线路空载加压试验方式运行转热备用	停运前应先把"无功控制"站拟停运的 #1 换流器无功功率降至 0 后再闭锁
厦门地调	3	湖边站	220kV 鹭湖 I 路 231 线路由充电运行转冷备用	断电
检修公司	6	鹭岛站	#1 换流器由热备用转冷备用（220kV 鹭湖 I 路 28A 线路转冷备用）	"断电""允许"标识变红后，即可进行极 I 的隔离操作（顺控时会自动断开 #1 换流器启动电阻旁路开关）
检修公司	7	鹭岛站	鹭岛站接地极由运行转冷备用	退出接地极

注："△"表示汇报项或待令项。

2. 典型操作票

#1 换流器、220kV 鹭湖 I 路 28A 线路由检修转冷备用

1. 查极 I 380V I 段 #7 馈线柜"极 I 穿墙套管电动葫芦 4"J1 I M-7J 空开确在断开位置

2. 查极 I 380V I 段 #7 馈线柜"极 I 穿墙套管电动葫芦 3"J1 I M-7I 空开确在断开位置

3. 查极 I 380V I 段 #7 馈线柜"极 I 穿墙套管电动葫芦 2"J1 I M-7H 空开确在断开位置

4. 查极Ⅰ380VⅠ段 #7 馈线柜"极Ⅰ穿墙套管电动葫芦1"J1ⅠM-7G 空开确在断开位置

5. 查极Ⅰ380VⅠ段 #7 馈线柜"平波电抗器起重机（极Ⅰ直流场）"J1ⅠM-7F 空开确在断开位置

6. 查极Ⅰ380VⅡ段 #7 馈线柜"极Ⅰ穿墙套管电动葫芦7"J1ⅡM-7H 空开确在断开位置

7. 查极Ⅰ380VⅡ段 #7 馈线柜"极Ⅰ穿墙套管电动葫芦6"J1ⅡM-7G 空开确在断开位置

8. 查极Ⅰ380VⅡ段 #7 馈线柜"极Ⅰ穿墙套管电动葫芦5"J1ⅡM-7F 空开确在断开位置

9. 查极Ⅰ380VⅡ段 #7 馈线柜"起重机（极Ⅰ桥臂电抗器室）"J1ⅡM-7E 空开确在断开位置

10. 查极Ⅰ380VⅡ段 #7 馈线柜"悬挂起重机（极Ⅰ直流场）"J1ⅡM-7D 空开确在断开位置

11. 合上 #1 换流变网侧端子箱"28A 开关（QF1）控制电源Ⅰ"直流空开 DK11

12. 合上 #1 换流变网侧端子箱"28A 开关（QF1）控制电源Ⅱ"直流空开 DK12

13. 合上 #1 换流变网侧端子"28A6 甲地刀（QS12）操作总电源"交流空开 ZKK31

14. 合上 #1 换流变阀侧端子箱"0301A7 地刀（QS2）操作总电源"交流空开 ZKK11

15. 关上极Ⅰ桥臂电抗器室大门

16. 合上 #1 换流阀阀厅端子箱"030117 地刀（QS31）操作总电源"交流空开 ZKK11

17. 合上 #1 换流阀阀厅端子箱"030127 地刀（QS32）操作总电源"交流空开 ZKK21

18. 合上 #1 换流阀阀厅端子箱"030107 地刀（QS4）操作总电源"交流空开 ZKK31

19. 合上极Ⅰ中性线端子箱"0010 开关（NBS）控制电源Ⅰ"直流空开 DK11

20. 合上极Ⅰ中性线端子箱"0010 开关（NBS）控制电源Ⅱ"直流空开 DK12

21. 合上极Ⅰ中性线端子箱"000107 地刀（QS61）操作总电源"交流空开 ZKK11

22. 合上极Ⅰ中性线端子箱"00101 刀闸（QS6）操作总电源"交流空开 ZKK21

23. 合上极Ⅰ中性线端子箱"001017 地刀（QS62）操作总电源"交流空开 ZKK31

24. 合上极Ⅰ中性线端子箱"00102 刀闸（QS7）操作总电源"交流空开 ZKK41

25. 合上极Ⅰ中性线端子箱"001027 地刀（QS71）操作总电源"交流空开 ZKK51

26. 合上浦岛直流极Ⅰ极线端子箱"033007 地刀（QS51）操作总电源"交流空开 ZKK11

27. 合上金属回线端子箱"00301 刀闸(QS8）操作总电源"交流空开 ZK11

28. 点击"顺序控制"界面

29. 点击极Ⅰ顺序控制"未接地"按钮

30. 查极Ⅰ顺序控制"未接地"按钮变为红色

31. 点击"主接线"界面

续表

32. 查 #1 换流变网侧 28A6 甲接地刀闸三相确已断开

33. 查 #1 换流变阀侧 0301A7 接地刀闸三相确已断开

34. 查 #1 换流阀上桥臂 030117 接地刀闸三相确已断开

35. 查 #1 换流阀下桥臂 030127 接地刀闸三相确已断开

36. 查 #1 换流阀极线侧 030107 接地刀闸确已断开

37. 查 #1 换流阀中性线侧 000107 接地刀闸确已断开

38. 查极 I 极线平波电抗器 033007 接地刀闸确已断开

39. 查极 I 中性线开关 001017 接地刀闸确已断开

40. 查极 I 中性线开关 001027 接地刀闸确已断开

41. 查图像监控系统 #1 换流变阀侧 0301A7 接地刀闸机械位置指示三相确在断开位置

42. 查图像监控系统 #1 换流阀上桥臂 030117 接地刀闸机械位置指示三相确在断开位置

43. 查图像监控系统 #1 换流阀下桥臂 030127 接地刀闸机械位置指示三相确在断开位置

44. 查图像监控系统 #1 换流阀极线侧 030107 接地刀闸机械位置指示确在断开位置

45. 查 #1 换流阀中性线侧 000107 接地刀闸机械位置指示确在断开位置

46. 查极 I 极线平波电抗器 033007 接地刀闸机械位置指示确在断开位置

47. 查极 I 中性线开关 001017 接地刀闸机械位置指示确在断开位置

48. 查极 I 中性线开关 001027 接地刀闸机械位置指示确在断开位置

49. 查 #1 换流变网侧 28A6 甲接地刀闸机械位置指示三相确在断开位置

50. 断开 #1 换流变网侧端子箱 "28A6 甲地刀（QS12）操作总电源" 交流空开 ZKK31

51. 拆除 #1 换流变网侧 28A1 刀闸操作机构箱上 "禁止合闸，线路有人工作！" 标示牌

52. 合上 #1 换流变网侧端子箱 "28A6 乙地刀（QS11）操作总电源" 交流空开 ZKK21

53. 断开 220kV 鹭湖 I 路 28A6 乙接地刀闸

54. 查 220kV 鹭湖 I 路 28A6 乙接地刀闸三相确已断开

55. 查 220kV 鹭湖 I 路 28A6 乙接地刀闸机械位置指示三相确在断开位置

56. 断开 #1 换流变网侧端子箱 "28A6 乙地刀（QS11）操作总电源" 交流空开 ZKK21

备注：

1. 1~10 项查所有行车电源确在断开，只适用于年检时，若是停电消缺则不必查所有电源均断开，有动用到行车的房间才必须查。

2. 需要注意所有地线已经拆除后方可进行送电操作。

鹭岛站接地极由冷备用转运行

1. 点击"主接线"界面

2. 合上接地极电流测量装置 00301 刀闸

3. 查接地极电流测量装置 00301 刀闸确已合上

4. 查接地极电流测量装置 00301 刀闸机械位置指示确在合上位置

#1 换流器由冷备用转热备用（220kV 鹭湖Ⅰ路 28A 线路转运行，±320kV 浦岛极Ⅰ线 0330 线路冷备用）

1. 查 #1 换流变网侧 28A 启动电阻旁路开关三相确已断开

2. 合上 #1 换流变网侧端子箱"28A1 刀闸（QS1）操作总电源"交流空开 ZKK11

3. 查极Ⅰ中性线 0010 开关三相确已断开

4. 点击"顺序控制"界面

5. 点击极Ⅰ运行方式"空载加压"按钮

6. 查极Ⅰ运行方式"空载加压"按钮变为红色

7. 查控制方式"无功控制"按钮为红色

8. 查极Ⅰ顺序控制"允许"状态指示为红色

9. 查极Ⅰ顺序控制"断电"状态指示为红色

10. 点击极Ⅰ顺序控制"连接"按钮

11. 查极Ⅰ顺序控制"连接"按钮变为红色

12. 查极Ⅰ顺序控制"RFE"状态指示变为红色

13. 点击"主接线"界面

14. 查 #1 换流变网侧 28A1 刀闸三相确已合上

15. 查极Ⅰ中性线 00101 刀闸确已合上

16. 查极Ⅰ中性线 00102 刀闸确已合上

17. 查极Ⅰ中性线 0010 开关确已合上

18. 查 #1 换流变网侧 28A1 刀闸机械位置三相确在合上位置

19. 断开 #1 换流变网侧端子箱"28A1 刀闸（QS1）操作总电源"交流空开 ZKK11

20. 查极Ⅰ中性线 00101 刀闸机械位置指示确在合上位置

21. 查极Ⅰ中性线 00102 刀闸机械位置指示确在合上位置

22. 查极Ⅰ中性线 0010 开关机械位置指示确在合上位置

#1 换流器由热备用转不带线路空载加压试验方式运行（直流电压输出 _____ kV，持续 _____ 分钟）

1. 查 #1 换流变网侧 28A 启动电阻旁路开关三相确已合上

2. 点击"主接线"界面

3. 查湖边站 220kV 鹭湖 I 路 231 开关遥信指示三相确在断开位置

4. 查"#1 换流变分接头控制"为"自动"，并显示红色

5. 点击"顺序控制"界面

6. 查极 I 顺序控制"带电"状态指示为红色

7. 查极 I 顺序控制"RFO"状态指示为红色

8. 点击极 I 运行方式"空载加压"按钮

9. 在极 I 空载加压试验界面设定试验电压参考值为____kV

10. 在极 I 空载加压试验界面点击空载加压"投入"按钮

11. 查空载加压"投入"按钮变为红色

12. 在极 I 空载加压试验界面点击"自动"模式按钮

13. 查"自动"模式按钮变为红色

14. 在极 I 空载加压试验界面点击"解锁"按钮

15. 查"解锁"按钮变为红色

16. 查极 I 极母线电压上升至____kV 正常

17. 查极 I 极母线电压下降至____kV 正常

#1 换流器由不带线路空载加压试验方式运行转热备用

1. 在极 I 空载加压试验界面点击"闭锁"按钮

2. 查"闭锁"按钮变为红色

#1 换流器由热备用转冷备用（220kV 鹭湖 I 路 28A 线路转冷备用）

1. 点击"主接线"界面

2. 查湖边站 220kV 鹭湖 I 路 231 开关遥信指示三相确在断开位置

3. 合上 #1 换流变网侧端子箱"28A1 刀闸（QS1）操作总电源"交流空开 ZKK11

4. 点击"顺序控制"界面

5. 查极 I 顺序控制"断电"状态指示为红色

续表

6. 查极 Ⅰ 顺序控制 "允许" 状态指示为红色
7. 点击极 Ⅰ 顺序控制 "隔离" 按钮
8. 查极 Ⅰ 顺序控制 "隔离" 按钮变为红色
9. 点击 "主接线" 界面
10. 查 #1 换流变网侧 28A 启动电阻旁路开关三相确已断开
11. 查 #1 换流变网侧 28A1 刀闸三相确已断开
12. 查极 Ⅰ 中性线 0010 开关确已断开
13. 查极 Ⅰ 中性线 00101 刀闸确已断开
14. 查极 Ⅰ 中性线 00102 刀闸确已断开
15. 查 #1 换流变网侧 28A 启动电阻旁路开关机械位置指示三相确在断开位置
16. 查 #1 换流变网侧 28A1 刀闸机械位置三相确已断开
17. 断开 #1 换流变网侧端子箱 "28A1 刀闸（QS1）操作总电源" 交流空开 ZKK11
18. 查极 Ⅰ 中性线 0010 开关机械位置指示确在断开位置
19. 查极 Ⅰ 中性线 00101 刀闸机械位置指示确在断开位置
20. 查极 Ⅰ 中性线 00102 刀闸机械位置指示确在断开位置

鹭岛站接地极由运行转冷备用
1. 点击 "顺序控制" 界面
2. 断开接地极电流测量装置 00301 刀闸
3. 查接地极电流测量装置 00301 刀闸确已断开
4. 查接地极电流测量装置 00301 刀闸机械位置指示确在断开位置

18.3.4 双极金属回线—双极大地回线接线方式互换

18.3.4.1 由双极金属回线方式转双极大地回线方式

1. 典型调度操作票指令

操作目的	浦园换流站、鹭岛换流站 ±320kV 浦岛极Ⅰ、极Ⅱ线路由双极金属回线直流输电运行转双极大地回线直流输电运行			
接令单位	操作步骤	操作厂站	操作指令	备注
检修公司	△	鹭岛站	汇报：鹭岛换流站 ±320kV 浦岛极Ⅰ、极Ⅱ线路双极功率平衡，±320kV 浦岛极Ⅰ、极Ⅱ线路可以由双极金属回线直流输电运行转双极大地回线直流输电运行	汇报双极功率平衡
检修公司	△	浦园站	汇报：浦园换流站 ±320kV 浦岛极Ⅰ、极Ⅱ线路双极功率平衡，±320kV 浦岛极Ⅰ、极Ⅱ线路可以由双极金属回线直流输电运行转双极大地回线直流输电运行	
检修公司	△	鹭岛站、浦园站	待令	
检修公司	1	浦园站	±320kV 浦岛极Ⅰ、极Ⅱ线路由双极金属回线直流输电运行转双极大地回线直流输电运行	完成双极大地回线接线方式（顺控时会自动先合浦园站 NBGS 开关，转成双极金属回线与双极大地回线并联的接线方式后，自动断开浦园站金属回线上 GRTS 开关、金属回线刀闸及鹭岛站金属回线刀闸）
检修公司	△	鹭岛站	汇报：±320kV 浦岛极Ⅰ、极Ⅱ线路由双极金属回线直流输电运行转双极大地回线直流输电运行（浦岛金属回线 00506 刀闸确已断开）	完成金属中线隔离

注："△"表示汇报项或待令项。

2. 典型操作票

±320kV 浦岛极Ⅰ、极Ⅱ线路由双极金属回线直流输电运行转双极大地回线直流输电运行（浦园站）
1. 点击"顺序控制"界面
2. 点击接线方式 HVDC"双极大地回线"按钮
3. 查接线方式 HVDC"双极大地回线"按钮变为红色
4. 点击"主接线"界面
5. 查接地极电流测量装置 0030 开关确已合上
6. 查中性母线大地回线转换 0040 开关确已断开
7. 查浦岛金属回线 00406 刀闸确已断开
8. 查鹭岛站浦岛金属回线 00506 刀闸确已断开

9. 查图像监控系统接地极电流测量装置 0030 开关机械位置指示确在合上位置
10. 查图像监控系统中性母线大地回线转换 0040 开关机械位置指示确在断开位置
11. 查图像监控系统浦岛金属回线 00406 刀闸机械位置指示确在断开位置
12. 鹭岛站查图像监控系统浦岛金属回线 00506 刀闸机械位置指示确在断开位置

18.3.4.2　由双极大地回线方式转双极金属回线方式

1. 典型调度操作票指令

操作目的	浦园换流站、鹭岛换流站 ±320kV 浦岛极Ⅰ、极Ⅱ线路由双极金属回线直流输电运行转双极大地回线直流输电运行			
接令单位	操作步骤	操作厂站	操作指令	备注
检修公司	△	鹭岛站	汇报：金属回线上 ××× 工作结束，±320kV 浦岛极Ⅰ、极Ⅱ线路可以由双极大地回线直流输电运行转双极金属回线直流输电运行	汇报双极功率平衡
检修公司	△	浦园站	汇报：金属回线上 ××× 工作结束，±320kV 浦岛极Ⅰ、极Ⅱ线路可以由双极大地回线直流输电运行转双极金属回线直流输电运行	
检修公司	△	鹭岛站、浦园站	待令	
检修公司	1	浦园站	±320kV 浦岛极Ⅰ、极Ⅱ线路由双极大地回线直流输电运行转双极金属回线直流输电运行	完成双极金属回线接线方式（顺控时会自动断开浦园站 NBGS 开关）
检修公司	△	鹭岛站	汇报：±320kV 浦岛极Ⅰ、极Ⅱ线路由双极大地回线直流输电运行转双极金属回线直流输电运行（浦岛金属回线 00506 刀闸已合上）	完成金属中线连接

注："△"表示汇报项或待令项。

2. 典型操作票

±320kV 浦岛极Ⅰ、极Ⅱ线路由双极大地回线直流输电运行转双极金属回线直流输电运行（浦园站）
1. 点击"顺序控制"界面
2. 点击接线方式 HVDC"双极金属回线"按钮
3. 查接线方式 HVDC"双极金属回线"按钮变为红色
4. 点击"主接线"界面

续表

5. 查浦岛金属回线 00406 刀闸确已合上

6. 查中性母线大地回线转换 0040 开关确已合上

7. 查接地极电流测量装置 0030 开关确已断开

8. 查鹭岛站浦岛金属回线 00506 刀闸确已合上

9. 查图像监控系统浦岛金属回线 00406 刀闸机械位置指示确在合上位置

10. 查图像监控系统中性母线大地回线转换 0040 开关机械位置指示确在合上位置

11. 查图像监控系统接地极电流测量装置 0030 开关机械位置指示确在断开位置

12. 鹭岛站查图像监控系统浦岛金属回线 00506 刀闸机械位置指示确在合上位置

参考文献

[1] GB/T 14285，继电保护和安全自动装置技术规程［S］

[2] GB/T 1094.7，油浸式电力变压器负载导则［S］

[3] GB/T 30553，基于电压源换流器的高压直流输电［S］

[4] GB/T 50150，电气装置安装工程电气设备交接试验标准［S］

[5] DL/T 572，电力变压器运行规程［S］

[6] DL/T 596，电力设备预防性试验规程［S］

[7] DL/T 664，带电设备红外诊断技术应用导则［S］

[8] DL/T 724，电力系统用蓄电池直流电源装置运行与维护技术规程［S］

[9] DL/T 969，变电站运行导则［S］

[10] DL/T 1130，高压直流输电工程系统试验规程［S］

[11] DL/T 1193，柔性直流输电术语［S］

[12] Q/GDW 333，±800kV 直流换流站运行规程［S］

[13] Q/GDW 1799.1，国家电网公司电力安全工作规程 变电部分［S］